科学・技術と社会を考える
［第2版］

兵藤友博 編著

中村真悟／山口 歩／杉本通百則
高橋信一／小長谷大介 共著

ムイスリ出版

＜執筆担当＞

兵藤友博　　　　序章、第7章、8.5節、第9章、第10章、第12章

中村真悟　　　　第1章、第3章

山口　歩　　　　第2章

杉本　通百則　　第4章、第5章

高橋信一　　　　第6章、第8章、9.5節

小長谷　大介　　第11章

はじめに

　第2版にあたり本書は、現代社会において数多にあるなかから興味を引く問題を取り上げ、その所在を考えることを念頭に上梓したものである。

　第Ⅰ部では地球環境問題との関連で地下資源依存型産業活動の実際を話題とした。産業革命期以降、ことに20世紀世紀交代期以降の重化学工業が調達した素材はおもに地下資源による。また、耐久消費財や生活インフラを製造する重化学工業ならではの生産・流通・消費のプロセスは大量生産方式がゆえに、大量の素材資源とエネルギー資源を不可欠とし、エネルギー多消費型産業を必然化し、人類社会に地球環境問題を引き起こすことになった。資源採掘技術や地下資源由来の公害・環境問題を取り上げる一方、風力発電技術の可能性についても示した。

　第Ⅱ部では、情報通信技術の進展が現代産業社会に与えた影響を取り上げた。その要は半導体技術、それにともなうマイクロコンピュータ技術の進展である。一方で工作機械技術の自動化を進め、生産プロセスの自動化を進行させた。他方ではオンライン技術を編み出し、またインターネットを広く普及させることになった。この展開は今日のAI技術、IoT技術の進展にへとつながっている。この関連で第2版では、AI技術を取り上げた。

　第Ⅲ部では、「科学・技術の展開方向と科学者・技術者の役割」と題して、まずは二つの世界大戦を勃発させた20世紀固有の軍需生産機構、原爆開発を含む科学・技術動員の実態について示した。興味ある展開は、戦時動員された科学者・技術者は、戦時の経験から戦後、平和を志向する新たな自立的対応を取るようになったことだ。また、戦後、日本のナショナルアカデミーは日本学術会議へと再編され、科学者たちによって学術研究体制が構築されていった経緯について示した。最後に、近年の科学・技術をめぐる競争政策の競争化の実態を示すとともに望ましい学術政策のあり方について示した。なお、宇宙開発や近年の戦争でも多用される飛翔体ロケット技術の問題について第2版では新たに取り上げた。

　なお、本書の表題を『科学・技術と社会を考える』とし、「考える」を付したのは、取り上げられた話題のみならず、現代社会の科学・技術の諸問題に目線を広げ、読者とともに考えることを意図したからである。

　ところで、本書の初版が刊行されたのは 2011 年 4 月である。想い起せば、その一か月前の 3 月 11 日、本書の校了作業をしていたが、奇しくも東日本大震災が引き起こされた日である。地震の大きさも桁外れであったが、海底の泥を巻き込んだ黒い長大な津波は、防潮堤を越え、家屋のみならず近郊の田畑を呑み込み、それだけでなく乗用車、港に錨に継がれていたはずの漁船を山側へと押し寄せた。その実像は想像を絶するものであった。

　本書との関連で想うことは、風雨や波などを御すために造られた住居やインフラを、津波がいとも簡単に壊していく。自然力の大きさを知らしめるものであったが、インフラ等の建設につくり込まれた人工物（技術）、知恵（科学）はどのような効力があったのかと思わせるものであった。確かに地震と津波の来襲からすれば、これは「科学・技術と社会」というよりは「科学・技術と自然」との関係を考えさせるもののようにも思える。だが、しなやかな復元力を有する「レジリエンス」のカテゴリが震災後話題とされた。そこでのカテゴリが意味するところは、津波によるインフラの破壊を単なる自然災害と見るものではなく、人間は自然とどのような折り合いをつけて、物質文明の基礎としてのインフラ、地域を復元力のあるものとして構築すべきなのかを問うている。そう考えれば、震災は「科学・技術と社会」の最たる話題である。機会があれば、検討したい課題であることを付記しておく。

　本書を刊行するにあたって、ムイスリ出版の橋本豪夫社長をはじめとしてご対応いただいたこと、この紙面を借りてお礼を申し述べる。

2023 年 11 月　　　　　　　　　　　　　　　編著者　兵藤友博

目 次

第Ⅲ部　科学・技術の展開方向と科学者・技術者の役割

序章　「科学・技術と社会」を考える

　科学がはじめて成立したのは、科学的自然観を誕生させた古代ギリシアである。そして人類が技術をはじめて獲得したのは、アウストラロピテクスが握り斧（片刃礫器）を製作し利用した、およそ200万年前にさかのぼる。人類はこれまで科学的知性を発揮するとともに、さまざまな技術的手段を開発し生活資材を獲得することで、私たちの生活はもちろんのこと、人間的存在そのものも豊かにしてきた。このように科学と技術は、人間活動の根幹に位置するものである。

　しかしながら、私たちの人間活動は、すべてが平和的で安全であったと肯定できるものではなかった。科学と技術の社会的利用は創造的でもあったが、時には破壊的でもあった。本書では、科学と技術をめぐるさまざまな社会的諸問題を取り上げ、それらがどのような形をとって現れているのかを、そのメカニズムも含めて明らかにし、問題克服の手がかりを考えることを目的とするものである。

　ひとまず本書で取り上げる諸問題をいくつかの論点に分けて、それらの諸問題の見方・考え方を示し、各章の導入として総説する。

地球環境問題から見る産業活動の現局面の問題

　私たちの人間社会は自然界を土台としてつくられている。このことを端的に指摘すれば、私たちの生活物資をまかなう生産活動は、その原材料も生産手段も自然界から取り出し、これを加工したものだからである。また、私たち人間も生物的自然の一つの種であって自然に変わりはない。そうした意味で、人間社会は自然界なしにはありえないといってよい。

　人間社会は自然界と基本的にこのような関係にあるにもかかわらず、今日その関係は必ずしも良好とはいい難い状況にある。そうしたものの一つが地球環境問題で、地球的自然に対して人間社会が悪影響を引き起こして

いる問題である。具体的にいえば、①温室効果ガスによる気候温暖化・砂漠化・海面上昇・氷河や凍土の融解、フロンガス排出によるオゾン層の破壊、②工場からの煤煙、輸送機関の排気ガスによる大気汚染・酸性雨、工場排水や生活排水による水質汚染・土壌汚染、騒音・振動、海底油田や船舶の事故に伴う海洋汚染、③農産物の栽培や鉱物資源の採掘ならびに地域開発に伴う大地や海浜等の改変・森林の伐採・生態系の破壊・生物多様性の減退などである（**図1**）。

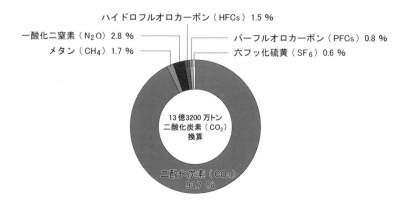

ハイドロフルオロカーボン（HFCs）1.5 %
一酸化二窒素（N_2O）2.8 %
メタン（CH_4）1.7 %
パーフルオロカーボン（PFCs）0.8 %
六フッ化硫黄（SF_6）0.6 %

13億3200万トン
二酸化炭素（CO_2）
換算

二酸化炭素（CO_2）
93.7 %

**図1　日本における京都議定書の対象となっている温室効果ガス
排出量の割合（2000年）**
出典：地球環境保全に関する関係閣僚会議（2002）

　前者二つは主として産業革命期以降の化石燃料や地下鉱物資源の利用、ことに 20 世紀後半以降の産業活動のグローバル化によって顕著となった環境問題である。三つ目の問題は、農業活動に伴う大地の開拓や木炭燃料の需要に伴う森林伐採、加えて産業革命期以降の工業化・都市化に伴う鉱山採掘や地域開発などによって引き起こされたものである。これらの多くは、人間社会の産業活動の負荷によって引き起こされる地球的自然の改変ないしは破壊である。これらの問題を解決するためには、これまでの産業活動のあり方を分析し原因となっている問題性を摘出し、地球的自然に負荷がかからないような適正なあり方を見出して実践していく必要があろう。

地下資源依存型産業活動の問題性

　前述の点でまず留意すべきは、これまでの産業活動のあり方がしばしば再生不可能なあり方をとってきたことである。端的にいえば、産業活動が地下資源依存型であったということである。こうしたあり方が支配的となったのは産業革命期以降のことで、その後の産業の跛行的発達による偏った資源の利用によって、地下資源依存傾向は強まった。20世紀に入って、大量生産方式の成立による産業活動が大規模化し、その国際的な展開はさらに資源枯渇さえ問題となる段階にきている（**図2**）。

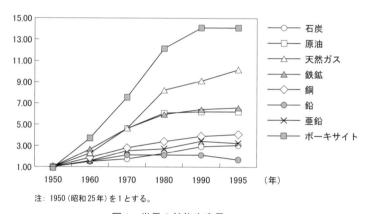

注：1950（昭和25年）を1とする。

図2　世界の鉱物生産量

出典：経済産業省「エネルギー生産・需要統計年報」「資源統計年報」より環境省作成
「図で見る環境白書」（2002年版）資料

　今日、地下資源に依存した大量生産方式、また大量消費・廃棄を伴うその方式の問題性は未だ顧みられず、ことに近年 NIEs や BRICs の台頭により、その産業活動のあり方は国際化し、問題は拡大再生産されているといってよい。つまり、代替資源の開発を含む原・燃料転換を今後どうしていくのか、前述の地球環境問題の解決とあいまって、人類は何を基礎にして産業活動を展開していくのかという根本的な問題がここに提起されている。また、この産業活動を十分な考慮なしにさまざまな問題を引き起こしてきた資本主義的なあり方の問題性を分析し、解決の手立てを見つけなく

てはならない。これを避けて通ることはできないであろう。

　後工程の冶金・精錬の過程は性格が異なるが、採掘過程は生産的というよりは狩猟・採取型の獲得経済の枠組みに入るもので、先に指摘した再生不可能な過程といえよう。その意味で地下資源依存型はどのみち過度的なものであって、そこから脱却しないことには未来はない。

　また、これまでどのような産業がどのような製品種をどのような製造法でもって、そのすそ野を広げつつ私たちの生活空間に人工的構造物として累積してきたのか。ここで製品種というのは、自動車や家電のような耐久消費財だけでなく、道路・港湾、建築物、通信施設など多岐にわたるが、これらを構築してきた産業活動の歴史的展開と、その問題性について整理し、検討する必要があろう（**図3**）。

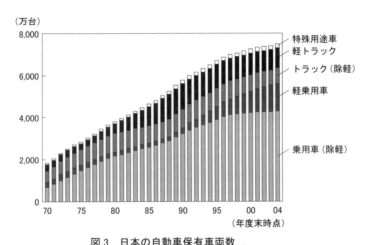

図3　日本の自動車保有車両数
出典：（財）自動車検査登録協力会「自動車保有車両数」

非効率な生産方式と過剰生産構造の問題

　さて、前述の大量生産方式は分業化と機械化、互換性の三つの原理を適用して成立した。時に大量生産・大量消費こそ悪の権化のように語られることがあるが、これらの三つの原理それ自体に問題があるわけではなく、

これを適用した現実の生産活動と消費・廃棄過程にこそある。

　どれだけ生産過程を環境保全型に切り替え、そして資源・エネルギーをむだにせず、リサイクルをなしえているのか。たとえば、太陽光発電のような再生可能エネルギーを採用する道もあるが、今日の火力発電所のなかには 60% 前後のエネルギー効率を達成しているものもある。だが、第二次大戦直後の 1950 年頃のその平均エネルギー効率は 16% 程度であったという。また、材料資源の問題でいえば、製品設計・製造がリサイクルを想定しない、廃棄する他ない方法をとってきたことにある。これは市場での競争優位を確保しようとする資本主義的なあり方が関係しているであろう。

　問題は、大量消費・大量廃棄へと結びつく産業経済の仕組みとしての大量生産方式にあるのだが、物質循環の収支を見るとそのことははっきりとわかる。資源の採取だけでも、とてつもない量の不可逆的な自然の改変が行われている。そして、この資源の採取や地域開発などに伴う土壌の掘削や浸食による不用捨て石・土砂、森林の間接伐採等の隠れたフローといわれるものは、日本の場合には輸入資源も多く、国内外を含めて生産活動に投入される資源はおおよそ 20 億トンとその 1.7 倍の量、34 億トン近くにも上っている。したがって、あわせて 54 億トンに達する。だが、この数字は日本に関連するものであって、GDP 比で推定すると、全世界の物質収支量は数百億トンをはるかに超えよう。しかも、こうした自然の収奪・改変が毎年行われているのである（図 4）。

　私たちの生産活動は、現段階では資本主義の下にあるのだが、果たして未来に禍根を残すようなことはないのだろうか。禍根を絶えず増大させているとすれば、ここからどう転じていくのか、私たちは科学的知性を発揮し解決の方策を考える必要がある。

　なお、この点に関わってとんでもない事態を引き起こしたのは、前世紀における二度にわたっての世界大戦と経済の軍事化である。戦争は大量消費・大量廃棄の典型例で、これを大いに実行した。連合国と枢軸国は、それぞれ武器・弾薬をつくって互いに相手の主権を打ち崩すべく、互いの生命を奪い合い、軍事手段だけでなく都市や工場、そして自然環境をも破壊

した。その破壊活動はかつてない大規模なもので、そのために軍事手段を
供する軍需工場はむやみに大規模化した。その典型的な姿はアメリカで展
開し、戦時に過剰生産構造として構築された。この過剰生産構造は、戦争
という枠組みのなかで成立し、それゆえに禍根を招くことを度外視した性
格をそなえていた。

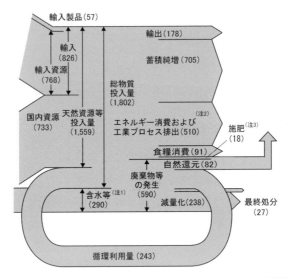

注1：含水等：廃棄物等の含水等（汚泥、家畜ふん尿、し尿、廃酸、廃アルカリ）および経済活動に伴う
　　　土砂等の随伴投入（鉱業、建設業、上水道業の汚泥および鉱業の鉱さい）。

注2：エネルギー消費および工業プロセス排出＝工業製品の製造過程などで、原材料に含まれていた水分
　　　などの発散分等の推計。

注3：施肥＝肥料の散布は実際には蓄積されるわけではなく、土壌の中で分解されていくものであるため、
　　　蓄積純増から特に切り出し。

図4　わが国における物質フロー（2007年度）

出典：環境省「第二次循環型社会形成推進基本計画の進捗状況の第2回点検結果」

　ところが、この過剰生産構造は戦後も温存され、西ヨーロッパ諸国や日
本のみならず、新興国へ、途上国へと拡がった。このような生産構造を継
承したということは、平時においてその生産構造を構成する技術と生産方
法を引き継いだということである。そして、それは世界的な経済の競合化
の土台として世界各国に拡大再生産された。その結果、公害問題や地球環

境問題を引き起こした。確かにこれらの問題の発生は、いささかその展開を引きとどめようとする局面をつくり出しもしたが、20世紀後半にかけてこの構造は拡がりこそすれ縮小することはなかった。

　先に示した鉱物生産量、自動車の保有車両数、また人口の推移に見られるように、ことに20世紀の後半は人類の歴史の中でも特異な時代であることを示している。地球環境問題をはじめとする社会的諸問題の克服は、20世紀から21世紀にかけて生きる私たちの責任であり、その克服方策を見出しうる可能性を最も持つのもやはり私たちなのだといってよい（**図5**）。

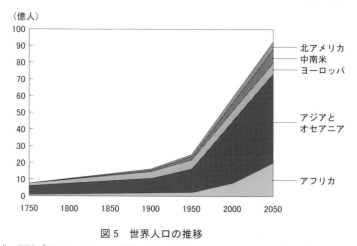

図5　世界人口の推移

出典：国連「Revision of the world Population Estimates and Projections」（1998）

情報通信技術の進歩と経済のグローバル化

　情報通信技術というのは、生産活動に直接的に関与するというのではなく、たとえば市場の情報をやり取りする商業通信に見られるように、間接的に関与するものである。実に、20世紀後半に飛躍的に発達したトランジスタや半導体、これを組み込んだコンピュータ、光通信ケーブルなどの技術は、これまでの電気通信や機械式計算機とは異なって、その処理能力や通信速度を比類のないほどに高めた。そして、その特性を活かしてオンライン・システムを構築して、流通や金融取引などのやりとりを全く異なっ

たものにしただけではなく、これらの技術を利用したインターネットは、情報のやりとりを瞬時にしかもそのグローバル展開を実現した。その社会的影響は政治的変事を促しているとさえいわれる。

こうした展開を実現した要は、先に触れたその集積度を飛躍的に高めている半導体技術にある。そしてその進歩は速く、そのために開発・製造の取り組みは激しい競合化を引き起こし、莫大な投資を必要とする装置産業へと転じている。

また、それは産業のコメともいわれるように、その汎用性はその応用範囲を広げ、制御技術の要としてさまざまな機械・装置に組み込まれている。つまり、これは単に通信や計算処理を一新しただけでなく、工場では NC 工作機械や産業ロボットなどに内蔵されているコンピュータの要素技術として利用され、これらの直接的生産技術と連携して生産に関与する。それだけではない、工場での全体的な生産管理のみならず企業活動に伴う経営管理、さらには流通や金融の場面でのそれらの業務をシステム化し、その作業内容を自動化し簡略化させるだけでなく、統合的なリアルタイム処理を実現している。今日では、介護福祉ロボット、災害救助ロボットなども開発され、その応用範囲を一層広げている。しかし、このような情報通信技術の進歩にも負の側面があることに留意しなければならない。

軍産複合体制と軍事技術

20 世紀の軍事兵器で特に話題となるのは、核兵器とミサイル、生物化学兵器である。核兵器は第二次世界大戦期のアメリカのマンハッタン計画のなかで原子爆弾として登場し、戦後この原子力技術は発電炉や動力炉に転用された。ミサイル技術は、ナチス・ドイツの報復兵器 V2 (Vergeltungswaffe 2) や V1 などに由来するもので、核兵器を搭載し戦後冷戦体制の軍事体系の中核を構成する一方で、それは月・惑星への探査機や通信衛星、気象衛星などを打ち上げるための宇宙開発用の運搬手段としても多用されてきた。生物化学兵器はどうかといえば、医薬や農薬と技術的には表裏の関係にあるものである。これらは 20 世紀の科学・技術の粋を極めたものである

が、それらに共通する特徴は両刃の剣ともいえる技術の二重性を体現している。

　軍事技術に関わって指摘しておかなければならない事柄は、次の点である。第二次世界大戦後の冷戦体制は、平時における軍備拡張を常態化させ、国家と軍、産業界とを深いきずなで結びつけて、軍産複合体制を形成したことである。今日、東西冷戦は終わったと指摘されるものの、依然としておびただしい軍事兵器が保有されている。なかでもアメリカの軍備はかつての水準に比すれば低いものの群を抜いている。その意は、軍事力でもって世界の覇権を確保しようとの世界戦略にあるが、こうした軍事力による政治的問題の解決はテロリズムの連鎖を生みだしているといってよいだろう。

　ところで、技術が軍事利用されるか平和利用されるかは、政治的、経済的かつ社会的関係において決まる。その点で触れておかなければならない事柄は、しばしば指摘されるように、技術は軍事主導によって発達するのではないかということである。なぜならば、多くの場合、軍事技術の顧客は政府であり、その調達の決済は民間企業の採算ベースとは異なった枠組みで行われ、購入は保証されている。その際に留意すべきは、軍事技術は少しでもより進んだ技術があればそれを開発し取り込み、最新鋭の兵器を生み出そうとする。そのために民生技術の開発に比して、軍事技術はそれそのものに特化している面があるが、より進んだ技術が生み出される可能性がある。軍事技術主導説の根底にはそうした事情が反映している。

科学・技術の方向付けと科学者・技術者の責任

　科学と技術の発展方向は基本的に社会的に規定される。ことに資本や国家の影響力は大きく、軽視できるものではないが、科学と技術の発展方向は直接に関与する科学者・技術者の関与の仕方にもよる。雇われた科学者・技術者は、一般的にいえば研究組織の業務への専念性を求められているが、社会的存在としての科学者・技術者は、広く社会的レベルでの同業の研究者や、さらにはまた人々と連携することで、研究組織における本務業務に

とどまらず自己実現を行うこともできなくはない。科学や技術に携わる者として責任をどうとるのか、また社会的にどう貢献するのか、この社会的連携の文脈において、科学者・技術者はどのように科学・技術の今後の方向付けをどのように考え、研究開発に取り組むのかが問われるところである。

　たとえば、近年とみに強くなっている流れは、産学官連携という言葉に象徴される、外部研究資金の獲得、それを原資とした研究活動の展開、そして科学・技術政策による連携促進の誘導である。その一つの岐点は科学技術基本法の法制化と科学技術基本計画の策定、引き続く技術移転促進法の法制化、国立大学の法人化、等々である。科学者・技術者は、競争的資金の獲得に躍起にならざるを得ない状況へと駆り立てられている。科学・技術政策の展開は、科学・技術のあり方に少なからず影響を持っている。

　以上、6点にわたって述べてきたが、最後に本書の性格について触れておきたい。本書の性格を端的にいえば、科学論・技術論の立場から科学・技術に関わる社会的諸問題を分析し、総合的に考察するものである。

　ここで科学論というのは、一つには自然諸科学の個別的領域のさまざまな法則性、その構造がどのような方法によって認識として捉えられてきたのかを論ずることである。しかし本書の主要な課題は、社会の一つの要素としての科学の社会的な部面を論ずることである。具体的にいえば、科学研究に携わる科学者は、大学や試験研究機関に雇われ、政府や企業と関わる。科学は、相対的に自立しながらも、科学研究の政策的方向づけ、科学研究費の調達のあり方やその成果の社会的利用の仕方など、さまざまな社会的措置に規定される。これらの科学の社会的部面を総合的に検討し、科学と科学者のあり方について考えるものである。

　また、ここで技術論というのは、技術の概念規定すなわち労働手段の体系としての技術の社会的あり方を論ずることである。技術は、直接的にものづくりを関与する生産技術を中心としつつも、物流や情報のやりとりを担う運輸・通信技術はもちろんのこと、科学研究機器・教育機器の技術、

はたまた軍事技術など、技術はいろいろな社会的局面において展開されている。このように技術は社会的生産力の中核的な要素であり、社会の根幹において大きな役割を担っているものである。しかしながら技術は社会的に管理され、その社会的諸関係に規定され、良きにつけ悪きにつけさまざまな問題を生み出している。これらの技術の社会的諸問題を検討し、技術の適正なあり方について考察し、改善していくことが望まれよう。

　なお、本書のタイトルは「科学・技術と社会を考える」となっているが、その意は、本書が科学・技術をめぐる社会的問題について考える機会になればとの意図からである。とはいえ本書が扱っている話題はまだ限定的で実情を十分に反映していない至らない点もあろう。ここに執筆者を代表して、本書の目的とする課題について今後もなお一層研鑽に努めることを付記しておきたい。

第Ⅰ部

地下資源依存型産業活動の
功罪と資本主義

第1章　大量生産方式の世界的展開と
エネルギーの大量消費

1.1　はじめに

　20世紀の資本主義社会は、19世紀に始まった産業革命以降、生産の機械化が進展し、大量生産・消費社会が形成された時代であり、それとともに大量のエネルギー資源が地下から採掘され利用されるようになった。本章では、20世紀の資本主義社会の展開とそれによるエネルギー大量消費の進展を概観していく。

1.2　大量生産方式の確立とエネルギーの大量消費

（1）大量生産技術・大量生産システム

　20世紀の大量生産社会は、第1に、自動車を典型とする加工組立業における互換性技術を基礎とする大量生産システム、第2に、大量生産システムを支える条件としての大量の素材、動力エネルギーの大量生産技術の確立、によって形成された。

　1830年代、アメリカのスプリングフィールド工廠でマスケット銃の互換性部品生産が行われた。当時の目的は、生産性の向上やコスト削減というよりも、部品同士のすり合わせ調整の削減や補修の容易さを求めてのものであった。互換性技術は、専用工作機械・ジグ・ゲージの発達とともに高度化した。そして20世紀に入ると、フォード社は互換性部品製造技術、科学的管理法や流れ生産方式を結合させることで、大量生産システムを確立した。

　しかし自動車の大量生産は、自動車生産における大量生産技術が確立されるだけでは不十分である。素材としての鉄、製造ラインを動かすための動力・照明技術、動力エネルギーである石炭・石油の大量生産などがあって初めて成立するものである。これら製鉄業、電力業、石炭および石油業

においても、19世紀後半から20世紀初頭にかけて大量生産技術が確立された。

製鉄業では、1856年にドイツで発明されたH.ベッセマーの転炉がまたたくまに世界各地で普及し、その後、平炉法などの普及により大量の鉄鋼生産が可能になった。

動力・照明に関して、産業革命期以降の工業化社会は蒸気機関と燃料油（石炭油など）によって起こってきた。また、動力は蒸気機関によって直接機械に伝えられており、個々の工場ごとに動力源を設置していた。19世紀末になると、発電所・送電線網による大規模集中型のエネルギー供給体系が形成され、個々の工場に電灯照明や電動機が導入された。蒸気機関から電力への動力技術の変化は、土地単位当たりのエネルギー生産性を高めるだけではなく、個々の工場内にとっては蒸気機関による生産工程のレイアウトの制約がなくなったことで、ライン生産システムの導入を容易にした。

石油業では、1859年にE.ドレイクによる衝撃式掘削方法を使用しての原油採掘の成功を契機に、1900年以降、今日の回転式掘削装置が普及し、地下数千mに及ぶ掘削が可能になり、大量の原油採掘が可能になった。また精製技術においては、B.シリマンらによる石油成分に関する科学的分析や熱分解を利用した蒸留装置の利用や連続蒸留法の開発・導入により、20世紀初頭には、石油の成分に応じてガソリン、灯油、重油等へ分離することができるようになった。加えて、分解蒸留法の発達により、重質油を分解して軽質油に変化させることが可能になり、自動車の普及を促進した。

（2）大量流通・大量販売システム

素材・製品の大量生産技術は、流通システムの発達と結びつくことで大量消費社会を形成した。19世紀後半以降、アメリカでは大陸横断鉄道の整備によって鉄道輸送体系が確立された。また、百貨店、広告、映画などのマーケティングが登場し、消費を促進するシステムも登場してきた。すると今度は、大衆の大量消費が企業の大量生産と企業間の競争を促すと同時に、販売の実現のための広告等のマーケティング業の発達を促した。

　しかし、大量消費社会における需要以上に拡大される大量生産は、やが
て過剰生産として現れ 1929 年の大恐慌に至った。そして、1930 年代以降、
国家による公共事業・戦争などでの積極的な財政出動を通じた有効需要創
出政策、いわゆるケインズ政策がアメリカでとられるようになった。

　このように 20 世紀の大量生産・大量消費社会は、素材加工・組立業およ
び資源生産における大量生産技術と、大量流通・販売によって形成された。
個々の企業にとっては、大量生産技術の構築および大量流通・販売活動は、
自らの利潤の極大化行動として積極的に行われると同時に、他企業とのコ
スト競争に勝つために追求せざるを得なかった。また、企業間の競争は、
自然科学や技術学が急速に発達する条件でもあった。

　そして、熾烈な競争を生き残った企業は、大企業として自国内市場にお
いて独占的な地位を占めると、今度は新たな資源と市場を求めて国外で他
国の大企業と競争を展開した。やがて国をまたぐ大企業同士の競争は、資
源と市場の供給地であった植民地をめぐる国家間の対立や紛争として現
れ、人類は二度の世界大戦を経験することになった。

（3）世界大戦と科学・技術の発達

　第一次世界大戦（1914-1917 年）はヨーロッパを、第二次世界大戦
（1939-1945 年）はヨーロッパ、アジア・太平洋を舞台の中心に展開された。
両大戦は数千万人の死者を出す人類史上最大の戦争であったのだが、その
背景には大量生産システムの兵器生産への利用や、毒ガスなどの化学兵
器・原爆・レーダーといった軍事技術の発達があげられる（表 1.1）。

　両大戦は兵器の大量生産と使用の結果、エネルギー資源、とりわけ石油
の大量消費をもたらした。これは戦車、輸送車、戦艦および戦闘機におけ
る燃料源が石油であったことによる。そして、第二次世界大戦では、石油
の精製技術の発達によってガソリンよりも燃焼効率の高い燃料が開発さ
れ、戦闘機に利用された。

　戦後になると、戦時に発達した技術は軍事技術の平和的利用をスローガ
ンに、原子力技術開発や民間航空機開発などへ転用された。

表 1.1　全軍需生産に占める自動車工業の割合

（単位：%）

完成航空機	10	偵察車および運搬車	92
機関銃	47	魚雷	10
カービン銃	56	地雷	3
戦車	57	軍用ヘルメット	85
装甲車	100	航空機用爆弾	87

出典：下川（1972）より転載

　このように軍事技術は、戦時には国家体制と企業の安全保障を目的に莫大な戦費をつぎ込むことができるために、急速に発展する。これらは戦後には社会の発展に貢献した側面があった。しかし、軍事技術は、本質的には人間と自然の破壊を目的とした技術であるということから、人間社会の再生産の条件である生産と生存を脅かす技術である。

1.3　高度経済成長とエネルギーの大量消費

（1）アメリカの戦後復興政策における石油普及政策

　第二次世界大戦は、日本および欧州の荒廃をもたらし、両地域はアメリカによる復興政策のもと、経済復興政策を展開した。

　ヨーロッパは 1952 年に ECSC（ヨーロッパ石炭鉄鋼共同体）を発足し、日本は 1947 年から石炭・鉄鋼業の生産力復興を軸とする経済政策であった傾斜生産方式を実施した。

　これに対して、アメリカ側は第二次世界大戦中に発見された中東地域の大量の原油の販路としてヨーロッパ・日本を位置づけ、ヨーロッパには1948 年から 51 年にかけてマーシャル・プランを、日本には 1949 年のノエル報告を契機とする太平洋岸製油所の再開や、石油精製業者各社と米系大手石油企業との提携を実施した。アメリカは、国内のエネルギー供給安全性を保つために、生産コストの安い中東油田を自国内にできる限り輸入せず、国内石油業者を保護すると同時に、中東地域で独占的な権益を有する大手石油企業（メジャー）の収益基盤を保証することを目的としていた。

その結果、ヨーロッパ、日本とも石炭から石油へとエネルギー需給の主軸
が移り、それまで以上にエネルギーが消費された（**図1.1**）。

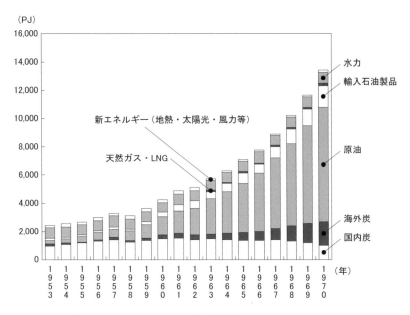

図 1.1　日本の一次エネルギー供給構造（1953-1970 年）

出典：資源エネルギー「総合エネルギー統計」より作成

（2）石油依存体質の形成

　朝鮮戦争（1950-53）によって特需景気に沸いた日本は、その原資をもっ
て積極的に外国技術を導入し、1955年以降、毎年10%近くの成長率を達成
する高度経済成長時代へと突入した。高度経済成長の外国技術の導入は、
鉄鋼・化学・造船・電力の各業種において石油需要の必要性を高め、結果
的に日本経済における石油依存の大量エネルギー社会の形成を促した。

　化学工業では、戦後は戦前に発展した電気化学・石炭化学・カーバイド
工業を軸とする農業用肥料生産を主力としていた。しかし、1950年の太平
洋岸製油所の再開や1955年の通産省省議「石油化学工業の育成対策」を契
機に、石油化学工業が発達し、次第に石油化学工業と電気化学・石炭化学・

カーバイド工業は競合するようになった。しかし、同時期の石油精製業における接触改質装置や、接触分解装置などの外国技術の導入による精製効率の向上や、造船業のびょう打ちから溶接への造船技術の転換に伴う船舶製造工期の短縮・鉄鋼使用量の削減による製造コストの削減などにより、石油化学の原料であるナフサが石炭と比べて安くなり、石油化学工業がその他化学工業を圧倒するようになった。

　化学工業における石油製品であるナフサの使用量の増大は、鉄鋼業や電力業の成長に伴う重油使用量の増大とともに石油需要の急増をもたらした。

　とりわけ電力業は、戦後当初は水力発電や石炭火力発電を軸とした電力体系であったが、1950年代後半を境に豊富な重油をベースとした石油火力発電所の建設が盛んになり、次第に石油火力発電所を軸とする電力体系が形成された（**図 1.2**）。これは、同時に中東および南米の一部の産油国への石油資源の依存体質をもたらした。

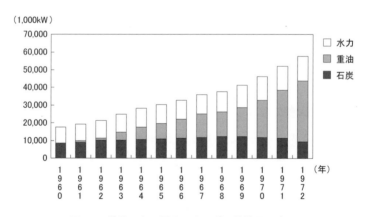

図 1.2　戦後日本の電力エネルギー供給源の変化

出典：「総合エネルギー統計」より作成

（3）高度経済成長と公害問題

　日本の高度経済成長は、石油コンビナートを軸として行われ、その資源

は中東からの安価な原油の大量輸入によって達成された。しかし、中東地域の原油は、硫黄含有量が平均して世界で最も高く、そのまま燃料にすれば二酸化硫黄を大量に発生させるため、脱硫装置の敷設は工場および地域の安全性・環境対策の観点から不可欠であった。しかし、企業は製品の付加価値に寄与しない脱硫装置の設置には関心を持たず、また政府も積極的な規制措置を採らなかったため、事実上対策が講じられなかった。その結果、三重県四日市石油コンビナートにおける「四日市ぜんそく」など、深刻な大気汚染問題が各地で発生した。

他方で、石油化学工業と競合するカーバイド工業はいずれ廃業せざるを得ない運命にあった。しかし、新日本窒素肥料(株)(現チッソ(株))や昭和電工(株)は自身の産業転換のための時間稼ぎと装置の減価償却を目的に、1960 年代以降急激な増産を展開した。その結果、無機水銀がアセチレン製造工程の触媒として大量使用された。無機水銀は、アセチレン製造工程で有機化し、排水として海に流され、食物連鎖を通じて人体に蓄積された。その結果、熊本県水俣湾流域や新潟県阿賀野川流域において多数の水俣病被害者を発生させた。

また世界的にも、1960 年代後半から 70 年代に世界各地で公害問題が激化し、各国で環境規制や環境庁の設立がなされた。

1.4　エネルギー大量消費構造のグローバル化

（1）国内競争基盤の再編と企業のグローバル展開

1971 年のアメリカの「金＝ドル交換停止」と固定相場制の廃止、1973-74 年、1978-79 年の二度にわたるオイルショックなどを契機に、1970 年代の世界経済はそれまでの高度成長から、不況とインフレを同時に生じるスタグフレーションに突入した。

1980 年代に入ると、米レーガン大統領や英サッチャー首相が主導する新自由主義政策により、各国の規制が撤廃され、国内外で企業の激しい競争が展開された。その過程で、企業は自らの競争力基盤の再編として事業内容の選択と集中を行った。

　生産システムは、これまでのフォード社を典型とする少品種・大ロット・大量生産システムから、トヨタ自動車（株）を典型とする多品種・小ロット・大量生産のリーン生産システムへと変化した。リーン生産システム（在庫や作業のむだを徹底的に排除し、工程のスリム化を目的とする生産方式）は、在庫をなくすために頻繁な小口輸送を条件とするものであり、トラック交通量を飛躍的に拡大させ、高速道路の建設ラッシュをもたらした。その結果、騒音問題や自動車排気ガスによる大気汚染問題が新たに深刻な公害問題として顕在化した。また、多頻度・小口輸送を通じた大量輸送は、世界的にガソリン需要を高めることとなった。

　生産におけるむだの排除を目的とする生産管理部門の肥大化は、情報管理技術や情報通信技術によって促進された。その結果、産業の中心は鉄鋼、造船から半導体、パソコン、自動車へとシフトしていった。

　さらに、情報管理および通信技術の発達は、個々の企業による情報システム管理や経理・会計の一部、コンサルティング業務のアウトソーシングを促進し、情報関連サービスという新たな市場を生み出した。これらの情報通信産業は都市部に集中し、ホテル・レストラン・ビル清掃などの既存のサービス市場も都市部で成長した。

　1990年代に入ってインターネットが普及すると、先進国では情報関連サービスがますます拡大し、製造業のアウトソーシングが世界的に展開されるようになった。たとえば、パソコン製造業では、1990年代後半には現地企業への部品製造委託が拡大するなど、世界的な生産ネットワークが形成された。生産拠点の多国籍化・ネットワーク化は、途上国のエネルギー需要の急増をもたらした。

（2）エネルギー供給構造の変化とエネルギー政策

　1970年代以降の世界経済の変化は、産油国の資源外交も手伝って、もはや石油資源だけでは賄うことができない状態になった。その結果、石炭・天然ガス・ウランの大量消費がもたらされた（**図1.3**）。また、世界的な生産ネットワークの形成は、アジア・太平洋地域への製造工場の移転や同地

域の製造業への委託を伴っていたため、同地域の一次エネルギー消費量は
1970 年代以降、とりわけ 1980 年代後半以降に急増した（**図 1.4**）。

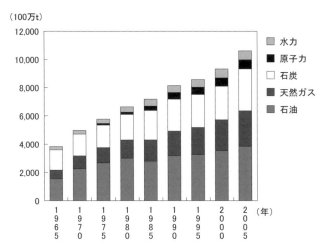

図 1.3　世界の一次エネルギー消費構造（1965-2005 年：供給源別）

出典：BP Statistical review of world energy, 2007 より作成

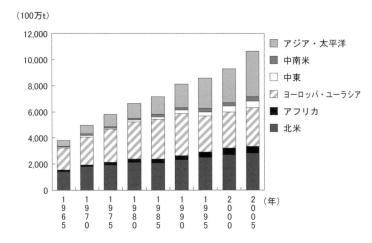

図 1.4　世界の一次エネルギー消費量（1965-2005 年：地域別）

出典：BP Statistical review of world energy, 2007 より作成

　1970 年代以降のヨーロッパおよび日本のエネルギー政策の中心的課題は、中東石油依存からの脱却と、エネルギー消費の増加傾向を支えるエネルギー資源の確保であった。具体的な政策は、それぞれの国内事情によって異なっていた。

　ヨーロッパは、エネルギー供給源の多様化政策として、第一にフランスを中心とする原子力普及政策、第二にソビエト（現ロシア）、ナイジェリアなどからの石油・ガス供給の拡大政策、第三にイギリス・ノルウェーを中心とする北海地域の油・ガス田開発を展開した。

　日本では、原子力発電の推進をエネルギー政策の中心に掲げ、さらにオーストラリアの石炭、ブルネイ・インドネシアの天然ガスなどの非石油資源の輸入、石油供給国の多様化、自然エネルギー等の代替エネルギーの開発を展開した。

（3）エネルギー政策のジレンマ

　しかし、ヨーロッパや日本における、エネルギー需要を満たすと同時に中東石油への一極集中的な依存からの脱却を図るための試みは、同時に新たなジレンマを抱えるものでもあった。

　ヨーロッパでは、1986 年のチェルノブイリ原発事故を契機に原発反対の世論が高まり、各地で緑の党が躍進し、ドイツを中心に反原発路線へとシフトした。また、ロシアへのエネルギー依存は、新たな安全保障問題というジレンマをヨーロッパ域内にもたらした。さらに、90 年代に北海油・ガス田が生産のピークを過ぎ、ヨーロッパのエネルギー供給源多様化政策は新たな道を切り開かざるを得なくなった。

　こうした中で、ドイツを中心に 90 年代後半から自然エネルギー政策が採られるようになってきており、各国にも普及してきてはいるが、ヨーロッパの大量のエネルギー需要を満たすほどにはなっていないのが現状である。ヨーロッパは、当面は原子力発電、天然ガス火力発電などの既存のエネルギー生産技術の体系を維持しつつ、自然エネルギーの開発と普及に期待し、積極的に支援政策を進めていこうとしている。

　さて、1970 年代以降の日本のエネルギー政策は、原子力を軸として展開
されてきた。政府は原子力を準国産エネルギーと位置づけ、原子力発電所
の効率性向上のために積極的に研究開発が行われ、原子炉建設のために電
源開発交付金などの政策支援が行われた。その結果、1990 年代には国内電
力需要の約 30％を占めるようになった。

　しかし原子力は、未来のエネルギー資源としては非常に不確実である。
第一に、エネルギー量は膨大であり、チェルノブイリ事故が示したように、
一度事故が発生するとその被害は甚大である。第二に、原子力発電は事故
の多発性と放射性廃棄物の処理技術が確立されていないという点で未発達
な技術体系である。第三に、核燃料廃棄物や廃炉などは特別な管理が必要
である。というのは、放射性物質の核種の中にはその半減期が約 45 億年の
ものもある。第四に、原子力発電の燃源であるウランは、枯渇性という点
で、石油よりも枯渇の早い資源である。

　このように、原子力発電技術は安全性の観点から技術的に未成熟で、そ
して廃棄コストが甚大で、また資源の枯渇問題もあるという点では決して
将来有望なエネルギー生産技術ではない。しかし、日本のエネルギー政策
は原子炉の償却期間を延長し、温暖化の切り札としてアピールするなど、
ますます原子力依存政策を展開しようとしている。

1.5　おわりに

　本章で見てきたように、20 世紀の資本主義社会は、大量生産技術の形成
とその世界的な普及により、電力、自動車等のエネルギー資源の大量生産、
多様化の必要をもたらした。21 世紀に入って、これまで途上国といわれて
きた中国やインドや旧ソビエト地域などにも大量生産技術と大量生産・消
費社会が普及し始めており、今後もエネルギー需要は拡大する傾向にある。
そのため、拡大するエネルギー需要に応じたエネルギー供給構造を構築す
るために、各国ともエネルギー政策を展開している。

　しかし、大量生産社会を前提にしたエネルギーの大量消費構造は、エネ
ルギー生産技術の大型化、量産化を必然的にし、それらによる自然環境へ

の影響などの問題を潜在的に有している。それは、おそらく自然エネルギーについてもいえることである。むしろ、20 世紀の経験を通じて問われるべきことは、エネルギーの大量消費構造をもたらす今日の大量生産社会・大量消費社会の構造のあり方である。

第2章　再生エネルギー
風力発電技術の可能性とその社会

2.1　はじめに

　風力発電は、1990年代あたりから商用技術として認められていった。このように商用技術として認められるということは、風力発電が火力発電や原子力発電とコストの面で競争しうる技術となったことを示している。周知のとおり、風力発電は太陽光発電などとともに発電時にCO_2を排出しない技術として注目を集めている。その理由は、風力発電の利用拡大は経済負荷をもたらさずにCO_2を削減できるということである。

　また風力発電が大型の火力、原子力なみのコスト競争力を持つということは、これまで大型化のスケールメリットを軸に展開してきた技術哲学を大いに揺るがす事実ともいえる。今後は風力発電を軸として、太陽光、熱電併給発電システムのようなコジェネレーションなどとともに、分散した小型技術が社会の電力を支える重要な要素となることを示唆しているようでもある。こうした状況は導入数量の面で確認することができる。

　図2.1、図2.2は、風力発電と太陽光発電の導入量の推移を示すグラフである。両図とも近年、導入量が飛躍的に拡大していく様子が伺われる。しかし、日本の位置はかんばしくない。風力発電ではあきらかに出遅れている（15ヶ国中13位）し、一時期トップの座にあった太陽光発電も、まず、ドイツ、ついでスペインに大きく差をつけられ、現在ではアメリカなどの他の国にも抜かれつつある。問題はその順位にあるというよりも、飛躍的に拡大し普及する国に特徴的な右肩上がりの成長を示す「傾き（グラフ上の）」が日本に見られないことである。

　本章は、国際的な視野から風力発電の技術成長過程についての分析を行い、どうしてこのような展開となるのか、その理由を探る。

設備容量 MW

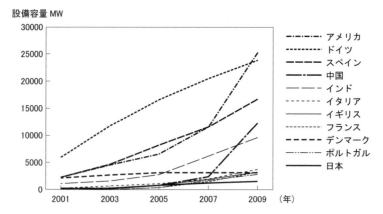

図 2.1　風力発電導入量

出典：WIND POWER MONTHLY ネット配信（各年の統計）より算出

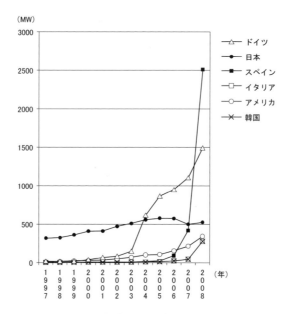

図 2.2　太陽光発電導入量

出典：竹濱朝美「立命館 産業社会論集」Vol. 46, No.3 より

２.２　風力発電技術の確立過程 ─デンマークの技術発展の仕組み

（１）風力発電機のメッカとしてのデンマーク

　風力発電技術が最も普及している国は、アメリカ、ドイツなどの国であるが、そうした風力発電普及の礎を築いた国としてはデンマークを第一にあげねばならない。デンマークは、現在世界各国で目にする三翼型の風力発電技術の諸要素を確立した国であり、そしてなお発電機生産の第一人者である。この 20 年間のトップメーカーに名を連ねるのは Vestas をはじめとするデンマーク企業で、現在のドイツ、スペイン、インドの有力メーカーはそのデンマークの技術に学んだ企業である。また、日本に導入されている風力発電設備の 7 割以上は輸入機であり、早くからデンマーク製が中心となっている。日本のトップメーカーである三菱重工製の風車も、デンマークの開発した三翼現代風車として類縁性の高いものである。

（２）歴史が示すデンマークの技術開発過程の重要性

　デンマークはそもそも 100 年前、すなわち発電技術一般が社会化され始めた時代から、風力を原動力とする発電を模索してきた。その第一人者がポール・ラ・クール（デンマークのエジソンとよばれている）という人であり、まず風力発電研究の礎をつくり、また風（力）という土着の資源を元に資源自立することの重要性を国民高等学校の教師としてデンマーク国民に説いていった。いわば、再生可能技術・持続可能技術としてのエネルギー開発の重要性を国民に認知させるという精神的地盤を形成した人物である。

　現代風力発電機の技術的原型が形成されたのは、デンマークのユルという技術者が開発したゲゼル風車であるといわれる。開発年は 1950 年代、ユルはラクールの教え子である。同時期、アメリカのパトナム風車も現在レベルの出力（MW 級）の最初の例として歴史的に重要なものとなるが、パトナムが稼働後すぐに羽が折れるという結果を生んだのに対して、ゲゼル風車は 10 年間の稼働に耐えた。出力としてはパトナム風車のほうが大出力であったが、1 年の稼働に耐えないパトナム風車より 10 年間の稼働に耐え

るゲゼル風車の方が、圧倒的に大きい生涯出力を生むという重大な示唆を
両技術の比較は示している。

図 2.3　コペンハーゲン近傍のオフシェアファーム

　こうした実験段階から、商用技術の開発に移行するのは 1970 年代のオイ
ル・ショック以降である。日本と同じように輸入原油に依存していたデン
マークは、これを契機に多くの市民が風力発電開発に没入していく。デン
マーク国民の風力発電への入れ込みは、同時に原子力を否定するという国
民的合意と関連したものであった。いいかえれば、デンマークは原子力を
どんどん拡張した日本のような道筋とは異なって、オルタナティブ（代替
新エネルギー）の開発に真剣に取り組む姿勢がそこにあった。

　また同時期にアメリカのカリフォルニア州が、環境改善の観点から風力
などの支援政策を立て、新興風力発電機メーカーの一大実験場となった。
しかし、多くの風車は故障したり破損したりして、実用技術として未成熟
であることをまざまざと露呈したが、デンマーク製の風車は、生き残る風
力発電として頭角を現すこととなった。ゲゼルとパトナムとの対比でも現
れた、永らく回り続けるという寿命の長さが風力発電の重大要素であるこ
とがここでも再確認された。

（3）デンマーク製風車の優位性としての技術寿命

　なぜデンマーク製が成功機種となったのかについては、次のような理由があげられる。第一に、風力発電機の機能と構造は、理論的に完全に解析されるものというよりは、失敗例が経験的に蓄積されるなかで最適候補がイメージ化される技術ともいえる。そして、そうした失敗例は、デンマークにおいては国民的努力のなかで70年代に蓄積されていた。国民的努力とは、広範な市民が営利目的を超えて国のエネルギー自立を目指して協力し、失敗者も成長企業に吸収されていくといったことなどを指す。

　また第二に、そうした失敗例から帰納的に導かれる最善のスタンダードを国家研究所がノウハウとして管理し、各メーカーの指針として解放したこと、ひいてはそうした成功例は特許として一部開発者の独占物とはせずに財政支援を得るための条件とした。

　そうした共通成功イメージの一つとして「頑健」という、他には見られない特性があげられる。ゲゼルという優れた前例を持つデンマークは早くから、風力発電機における「頑健」という特性の重要性を認識していた。三つの翼が現代風車の印となったのもこの時代の技術デザインによるものである。

　競争社会における企業は、「他社とはここが違う」という差異性をもって、各商品の価値づくりをする傾向があるが、デンマークの事例はこれと全く逆の方向を向く面白い事例といえる。

　カリフォルニアの実験場は1980年代の短い期間しか機能しなかったが、デンマークはその後自国をオルタナティブな市場として解放することを模索し、他の技術と競争しうるための財政支援を与えていった。そうした帰結として、1990年代において「他の発電技術と経済的に拮抗しうる」風力発電機が出現するに至ったのである。

　風力発電のコスト低減過程は、年々低下傾向となっており、同時に**図2.4**に示される財政支援の額が段階に低くなっている。それはコストの低減とともに支援が不要となっていく過程を示しており、最終的に支援金がなくなることも見て取れる。

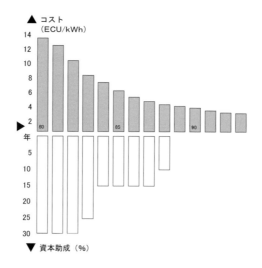

図 2.4　風力発電機のコストの推移

出典：プレーベン・メゴード『風力エネルギー』(1997) より転載

2.3　風力発電の経済性

(1) 経済性の指標としてのコスト

　風力発電が他の発電技術と拮抗するというのは、kWh 当たりのコストが他の技術と拮抗するようになったということである。kWh 当たりのコストは、原理的にはその発電技術が作られてから廃棄されるまでにかかったコストの総額を、稼働期の全発電量で割って求められる。これを式で表すと、次のようになる。

$$\frac{建設コスト　+　ランニングコスト}{生涯発電量}$$

　一般に、火力発電や原子力発電は燃料消費や関連人件費がランニングコストに関わってくるが、風力発電の場合は燃料費がかからず、メンテナンス以外の人件費もいらない。したがって、ほぼ分子は建設コストが決定的な値となる。

具体的に計算すると、次のようになる。一般に現代風車は 1000kW 当たり 2 億円ぐらいの建設費がかかる。ランニングコストは年間数百万円程度と言われるが、仮に 250 万円とする。以上の条件で、25％くらいの利用率（一日の中で風が吹いている割合）、20 年くらいの寿命と仮定すると、電力生産原価は

$$\frac{2\,億円\ +\ 250\,万円\ \times\ 20\,年}{1000kW\ \times\ 24h\ \times\ 365\,日\ \times\ 0.25\ \times\ 20\,年} \fallingdotseq\ 5.7\,円／kWh$$

となる。いうまでもなく、現今の火力、原子力に匹敵しうる低い原価である。

　日本では通常 1 時間当たり 24 円くらいの電気料金を支払っているが、その枠内におさまり、風力発電を基盤としても電気料金が跳ね上がることが想定されない低い値である。

　上の値は欧米の条件のよい風車の例であり、日本では、初期建設費が 2.5 億円になったり（山の上に造るなど条件が悪い）、故障のメンテナンスがかさんだり、風況（＝利用率）が若干落ちたりということで値が悪くなることがあるので、個々に計算する必要がある。大事なことは、国、電力会社が公表する値をただ知識として受け入れるのではなく、それを自分で検証しうる術を会得しておくことである。

（2）原価設定から見る日本の風力発電事業の苦境

　（1）に示したことは、風力発電の電力生産原価は大変低いことを示しているが、これは風力発電事業の利益率が高く、採算がよいかどうかを確定するものではない。

　RPS 法という新エネルギーの買取りに関わる法律が制定されるまでは、風力発電の電気は大体 11 円／kWh で取引されていた。RPS 法が悪法だというのは、風力発電など自然エネルギー技術の促進を狙うという建前に反して、その取引高を大いに低くするという効果を持っているからである。簡単にいえば、電力会社との取引で勝手に決められる不安定なその取引額

は（グリーン証書の売買の不安定さを含め）低下しているということが、多くの事業者から寄せられている（取引額が公表されない仕組みも異常である）。

仮に RPS の制定前の買取り額（取引額）を 10 円／kWh とし、制定後の額を 5 円／kWh として考える。年間発電量は前節の計算を生かし、

$$1000\text{kW} \times 24\text{h} \times 365\text{ 日} \times 0.25 \fallingdotseq 220\text{ 万 kWh}$$

となる。したがって、10 円取引では年間 2000 万円以上も収益が見込めるが、5 円取引では 1000 万円程度になる。この場合、20 年の寿命とすると、後者は 2 億円の初期投資を回収できるかどうかが危うい。

原価計算の中に電力買取り額の値が出てこないことからわかるように、取引額がいくらであろうとも、その技術の原価は確定し変わらない。風力発電の発電原価は安いのである。しかし、その事業所がもうかるかどうかは、その電気がいくらで買い取られるかということに左右される。

日本の風力事業者が苦境に立たされているのはまさにそこにある。先行するデンマーク、ドイツなどの国において、固定で高値の電力買取りの制度があり、風力事業者が伸張しているのに対して日本の風力発電の電気はいくらで買い取られるかの保証がない。これが先行者と遅れる日本との明暗をわける基本的要因である。

2.4 風力発電を囲む社会制度

（1）日本における風力発電の悪評

西欧諸国での評価とは裏腹に、2000 年代初頭まで、日本の風力発電の風評はかんばしくなかった。いわく、土地がもうない、出力が低い、自然任せであるなど、意味不明な悪評があげられていた。しかし、先行するデンマークは、グリーンランドを除くなら九州程度の国土面積である。北海道はそれを大きく上回る土地を持つ。また、出力、エネルギーは加算的なものであり、小出力なものは多数作ればよい。問題は、そうすることによって経済効率が低くなるかということなのだが、前節までに示したとおり小

出力でも経済効率は下がらない。しかし、日々の気象に左右される自然任せのために、風力発電機単体の出力変動が電力需要と適合しないというような問題があると指摘されている。

（2）そもそも制限される風力発電

　上記の悪評も風力発電に対する逆風となるが、現実的に風力発電の成長を制限しているのは、各電力会社の敷いている風力発電導入上限規制である。北海道電力は当初 15 万 kW、東北電力は 53 万 kW の導入上限を設定していた。そのために設置（運営）希望者は多数あるのに、許可がおりないというのが日本の実情である。

　制限の理由は、風力の突然の出力増減が、需給バランスのずれを生み、電力品質を下げるということにあるが、1 MW レベルの風力発電などを問題にする限り、本来的には電力会社の電力管理技術がそうした需要側の電力使用量のぶれを調整する仕組みが整っている必要がある。この電力会社側の調整とは、需要側の電力使用量に合致するように、風力発電を含め火力やダム式水力の発電設備の稼働状況を調整し、発電量を上下させる操作を指す。

　こうした理解に立つと、電力会社の調整操作が一番効力を持たなくなるのが、電力需要が少ない季節の深夜帯であることがわかる。そうした時間帯での電力供給は、原子力などが中心となって、火力やダム式水力の発電量も極めて少ない。そうした時間帯において風力発電による急な発電上昇があった場合には「下げ代」調整力がなくてはならないが、前述のような電力供給をしているために電力会社は対応できない。

　問題を別の角度で見る。日本の電力供給は多様な技術で支えられているのだが、**図 2.5** に示すとおり原子力は一日中電力需要のあるベース帯（下部）を担当している。

　ところで、風力発電も、デンマークなどで実証されているように、昼間帯も深夜帯も風が吹いて発電し、ある一定程度集合化し大出力化した際には出力変動は少なく、原子力のような平らな発電供給出力曲線をもつ。

風力発電は、原子力発電と同様にベース帯対応技術として位置づく。

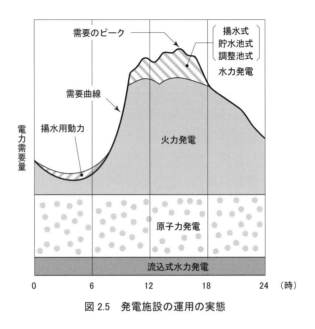

図 2.5 発電施設の運用の実態

　以上の関係を要約すると、日本の風力発電は、ある一定程度導入された場合に、既存の原子力とベース帯を取り合う関係になる。日本の風力発電が基本的に制限されたり、ヨーロッパのような支援策（固定価格の電力買取り制度）を勝ち取れなかったりする理由は、通常ベース帯発電を原子力によってまかなっていることにある。つまり風力発電の日本での普及可能性は、このベース帯発電問題にあると筆者は考える。日本はヨーロッパにおける原発を縮減する傾向とは逆向きの政策をとる稀な先進国であり、今ある原子力設備を拡充する計画を捨てていない。このようなエネルギー政策を固持するならば、風力発電は制限され普及は阻害されるだろう。日本の風力発電が成長しない理由は、風評の的となる風のあるなし、土地のあるなしではなく、こうした政策のあり方にあるという点を確認し、関連政策の動向に注目し考えなくてはならない。

第3章　素材技術に見る地下資源依存型産業活動 —その形成・浸透・深化

3.1　はじめに

　人類社会の地下資源に対する質的、量的依存度は、**図 3.1**、**3.2** に示されるように、20 世紀を通じて飛躍的に増大した。こうした地下資源への依存が支配的になったのは産業革命以降のことであり、その意味で 19 世紀以降から現代に至る人類社会を地下資源依存型社会ともよぶことができよう。

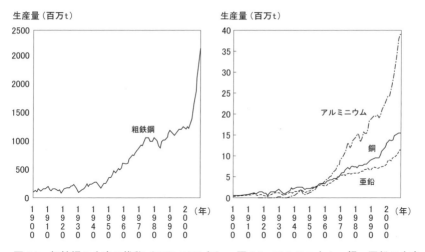

生産量（百万t）

生産量（百万t）

図 3.1　粗鉄鋼の生産の推移（1900-2008 年）　　図 3.2　アルミニウム、銅、亜鉛の生産
　　　　　　　　　　　　　　　　　　　　　　　　　　　　量の推移（1900-2008 年）

出典：USGS, Mineral information より作成

　地下資源依存型社会は、技術的には製品生産技術、素材生産技術、資源採掘技術が相互に絡み合いながら発達することによって、経済的にはこれらの三つの技術が資本主義の発達に伴い、世界的に浸透することによって形成された。そして、これらの地下資源依存型社会の技術体系は、20 世紀

初頭のフォード・システムを典型とする大量生産方式が登場した頃にほぼ成立し、第一次・第二次世界大戦、第二次世界大戦後の先進諸国における高度経済成長ならびに1980年代以降の経済のグローバル化を通じて浸透、深化してきた。

しかし、現代の地下資源依存型社会のあり方は、新しい技術的可能性を開き私たちの生活を豊かにもしてきたが、資源採取・利用・廃棄に伴う地球環境問題の発生、資源の枯渇の問題、資源の獲得をめぐる民族対立・国際紛争の勃発など、さまざまな部面から昨今問題視されるようになってきている。

本章では、金属資源を主な対象に、地下資源依存型産業活動の形成・浸透・深化の過程ならびに環境問題と資源枯渇を事例に資源依存型産業活動の課題を概観する。

3.2 地下資源依存型産業活動の形成

(1) 製品生産技術の発達① ──19世紀

19世紀のヨーロッパでは、産業革命期の機械制大工業の出現に伴い、素材需要にも質的・量的変化がもたらされた。

その出発点は綿工業における機械化であった。それは、紡績機・織機を中心として進められたのだが、当初はその機械部分の多くが木製であった。しかし、機械による工場経営が一般的になってくると、長時間の作業工程に耐える強度と構造の安定性が求められ、機械の構造部に対する鉄の需要が拡大した。

さらに機械化による素材需要の変化は、生産手段だけではなく、原料、貯蔵・輸送手段にも及んだ。機械による長時間の連続作業には、耐久性があり、かつ大量輸送や貯蔵に適した原料・素材の選択が不可欠であった。綿工業の原料である綿花は、その柔軟性から機械による作業に向いた素材であった。こうして機械によって量産された廉価な綿織物は大衆的な製品となって普及し、綿工業は毛織物工業を凌駕していった。そして綿花の需要は急速に拡大し、インドや南部アメリカにおける綿花栽培プランテーシ

ョンの拡大を促した。

　これらの大量に生産された綿花や綿製品の輸送の必要は、鉄製の蒸気鉄
道や蒸気船の発達をもたらした。なお、この動力技術としての蒸気機関は、
当初鉱山の排水技術として発明されたが、J.ワットによる改良を経て汎用
性のある工場の動力として利用されるようになった。そして蒸気機関のピ
ストンが往復するシリンダーは、高温・高圧に耐える必要から鋳鉄製シリ
ンダーが用いられた。

　このように産業革命期の綿工業を中心とする機械化は、素材としての高
品質な鉄需要の拡大を要求した。しかし、銑鉄と錬鉄だけではすべての需
要に応えることはできず、それらとは異なった強度を備えた鉄が求められ
た。これを実現したのが 1850 年代、60 年代に発明されたベッセマー転炉
やジーメンス＝マルタン炉であり、これらによって鋼の製造が可能になっ
た。この鋼の大量生産は、すでに高炉の燃料が木炭からコークス（石炭）
へと転じていたことから、さらに石炭需要の拡大をもたらした。

（2）製品生産技術の発達②　── 20 世紀

　20 世紀に入ると、アメリカの自動車を皮切りに、専用工作機械とゲー
ジ・ジグによる互換性部品生産、標準作業による労働者の管理、流れ作業
の結合である大量生産方式が確立された。大量生産方式は、さらにラジオ、
テレビ、電話などの多様な製品の製造にも採用され、私たちの生活を文化
的にも豊かにしてきた。しかし、その道行は同時にそれらの製品の機能と
品質を実現する素材の大量生産、ならびにそれらを下支えする資源の大量
採取をもたらした。たとえば、これらの情報通信関連製品は、電気伝導性・
絶縁性などの機能を有する素材として銅、ニッケルなどの非鉄金属の需要
をもたらした。また 1947 年に、ベル研究所の W.ショックレーによってコ
ンピュータの演算処理素子としてトランジスタが発明され、その後集積回
路が多用されるようなると、その主要素材であるガリウムやシリコンとい
った半金属元素の半導体の需要が新たに加わった。

　また大量生産方式は、生産手段の大規模化に伴う素材需要の量的拡大だ

けではなく、素材需要の質的変化をもたらした。たとえば、切削等の工作機械は連続・高速運転に耐える必要があることから高強度、耐磨耗性、耐食性などが、また化学プラントなどの場合は、耐食性に加えて耐熱性・耐火性・耐薬品性などが構造材料の素材的性質として要求されるようになった。

　以上の大量生産技術の登場による素材需要の量的・質的変化は、企業間の製品のコスト・機能性を巡る競争を通じて加速された。そのため、20世紀以降の資源需要の規模と種類は飛躍的に拡大した。

（3） 資源採掘技術の発達

　資源が素材として製品生産技術の対象になるには、鉱山からの有効な資源の採取・抽出と、採取・抽出した資源の精製・合成による資源の素材化を経なければならない。採掘技術はこのうち前者の役割を担う。

　一般に鉱物資源の集積地である鉱山は、その形成過程の複雑さから自然状態では複数の鉱物資源の複合体として存在している場合が多い。

　資源を獲得するための採掘技術は、鉱山を発見する探査技術、鉱山から鉱石を採取する採鉱技術、鉱石から目的とする資源を分離・抽出する選鉱技術の三つに大別される。

　産業革命以降、鉄や銅を中心に鉱物資源の豊富な鉱山が発見、採掘されていった。しかし、19世紀後半に入ると、豊富な鉱物資源を含んだ鉱山が少なくなり、一鉱山当たりの資源含有率が低下する鉱山の「低品位化」が進んだ。その結果、鉱山開発の経済性が悪化した。こうした状況のなかで、資源採掘業者らは露天掘り、浮遊選鉱法、微粉砕技術を結合させた新たな採掘技術の体系を構築することで、低コストでの資源の大量生産を可能にした。また、彼らは開発リスクの軽減に寄与する鉱山の発見率を向上させようと、新しい探査手法を開発した。

　露天掘りは、ダイナマイトで鉱山表面を発破し、崩れた鉱石を蒸気ショベル、ディーゼル・トラクター、ベルトコンベヤーなどの輸送技術によって移動させる手法である（**図 3.3**）。この手法は、A.ノーベルによるニトロ

グリセリンに珪藻土を浸透させたダイ
ナマイトの発明や、削岩機の開発によ
って可能になった。

　浮遊選鉱法は、鉱石中の各粒子のも
つ親水性・疎水性・新油性などの物性
を利用して、資源を分離・抽出する方
法である（**図 3.4**）。浮遊選鉱法が普及す
る以前は、粒子の比重差を利用したテ
ーブル選鉱法が一般的に利用されてい
た（**参考図 3.5**）。1860 年に W.ヘインズ
が浮遊選鉱の原理を発見し、1885 年に
H.ブラッドフォートおよびエヴァース
ン夫人が同原理を発展させて以降、同

図 3.3　露天掘り

出典：ウィリアムズ（1981）より転載

技術が急速に進展した。また 1905 年にミネラル・セパレーション社が泡沫
を利用した浮遊選鉱法を開発し、さらに 1922 年にグリスウォルドが鉛、亜
鉛、鉄、銅の優先浮遊選鉱法を発明した。こうして 1920 年代になって浮遊

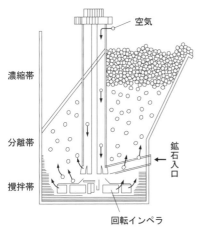

図 3.4　浮遊選鉱法

出典：冨永、櫻井、白田（1987）より転載

図 3.5　16 世紀の洗鉱槽

出典：アグリゴラ（1968）より転載

選鉱法は確立した。1930 年代以降は、優先選鉱法の高度化、浮遊選鉱機の大型化によるコスト効率性の向上、捕集剤・気泡剤の開発による回収率の向上などが図られた。また、浮遊選鉱法は、粒子の径が小さいほどより効率的な回収が可能となることから、鉱石の微粉砕技術として破砕機、ミルなどの機械が発達した。

この浮遊選鉱法の確立によって、鉱山からの資源回収率は飛躍的に向上した。たとえば、銅鉱石からの銅回収率の場合、テーブル選鉱法が 60〜70%であったのに対して、浮遊選鉱法は 90〜95%であった。また、浮遊選鉱法以前には 5%品位の銅鉱山が経済性の限度であったが、1910 年頃には 1%品位程度まで可能となり、それ以降はさらに低品位の銅鉱山の開発も可能となった。

19 世紀後半以降の鉱山の低品位化は探査技術の発達を触発した。1880年には銅の伝導性を利用した磁力探鉱法が発明された。その後、重力波、地震波、放射線、電磁力などを利用した探査法が考案され、鉱山開発や油田開発において利用されるようになった。

（4）素材生産技術の発達

鉱物資源の多くは、自然状態では純化された状態で存在しているものは少ない。たとえば、鉄（Fe）の場合では磁鉄鉱（Fe_3O_4）や赤鉄鉱（Fe_2O_3）、また銅（Cu）の場合では黄銅鉱（$CuFeS_2$）や輝銅鉱（Cu_2S）のように、酸化物や硫化物として存在していることが多い。したがって、物理的手法によって鉱山から有用な資源を抽出する粉砕・選鉱技術だけでは資源の素材化はできない。資源の素材化には、熱・電気などを作用させて分解抽出する、素材を生産する技術としての金属精錬技術が不可欠である。とりわけ、電気精錬技術、合金技術、化学技術は 19 世紀後半から 20 世紀前半にかけて重要な素材生産技術として発達した。

電気精錬技術は、ボーキサイトからアルミニウムを分離・抽出する上で不可欠な技術である。アルミニウムは 19 世紀前半にその化学的元素としての存在が明らかにされ、分離・抽出に成功した。1807 年にイギリスの H.

デービィが、1825 年にデンマークの H.C.エルステッドがそれぞれアルミニウムの電気分解に成功し、デービィの助手である F.ウェーラーがアルミニウムの特性を研究した。

　しかし、アルミニウムの量産には歳月を要した。というのも 1830 年代頃の発電機はダニエル電池などの小電力を発生する装置しかなく、電気の工業への利用は金メッキ、銀メッキなどのメッキ技術に限定されていた。1880 年代に入り、T.エジソンらによるダイナモなどの発電機によって電気の大量生産が可能になることで、アルミニウムの電気精錬技術の条件が整った。1886 年に、フランスの P.L.T.エルーとアメリカの C.M.ホールがそれぞれアルミナ（酸化アルミニウム）の溶融電解によるアルミニウムの分離抽出に成功した。さらに 1888 年、オーストリアの K.J.バイヤーによってボーキサイトを微粉砕し、アルカリ溶液で溶解することで高純度のアルミナが抽出されるようになると、電気分解によるアルミニウム精錬の効率性が向上した。こうして 19 世紀末にはアルミニウムの大量生産技術が確立され、さらに銅やマグネシウムなどとの合金であるジュラルミンが開発されると、航空機素材としてアルミニウムは大量に利用されるようになった。

　電気精錬技術は他の金属資源の分離・精製に利用されることで、これまで鉄鉱石からの分離が困難であった亜鉛やニッケルなどの分離が可能となった。亜鉛・ニッケルなどの鉱物資源は耐食・耐電などの性質を持つものであり、合金・メッキを通じて構造材料の品質向上が図られるようになった。

　合金技術の発達には、金属の組織構造や熱等による状態の変化を明らかにする金属組織学や分析化学などの科学と、それらを解析する分析機器などの技術が不可欠であった。これらの成果は 19 世紀末から 20 世紀前半にかけて生み出され、製品の多様化に伴う素材の強度・可塑性・耐熱性・防錆などの品質に対する要求に応えた。そして、より硬くて丈夫な鉄鋼をはじめとしてニッケル鋼、ステンレス鋼、タングステン鋼、ジュラルミンなどの合金素材の生産を可能にした。

　化学技術における発達は、19 世紀後半にはドイツを中心に、タールから

アニリン染料を開発するなどの合成染料開発や、合成染料開発から派生的に発達した医学および医薬品開発が中心であった。19世紀末になると、電気精錬技術の発達によってカーバイド工業が発達し、医薬品、火薬、塗料原料、合成樹脂などが生産された。20世紀に入ると、石油精製技術が発達することで、石油が自動車・航空機用の燃料や、化学産業用の原料として利用されるようになり、合成ゴム・合成樹脂などの合成化学素材が生産されるようになった。

3.3 地下資源依存型産業活動の世界的な浸透・深化

以上のように、地下資源依存型産業活動の技術的基盤は、ヨーロッパとアメリカを中心に19世紀から20世紀前半を通じて確立された。そして地下資源依存型産業活動は、二度にわたる世界大戦下における戦車・航空機等の兵器の大量生産を通じてますます進展した。

第二次世界大戦が終わると、先進国では戦後復興、高度経済成長期を通じて、製品技術の担い手である造船、自動車、家電等の産業と、素材生産技術の担い手である鉄鋼、石油化学などの産業が急成長した。資源産業は、両産業の急成長に伴う資源需要を満たすために、鉄・銅などの鉱山開発や油田開発を世界規模で展開した。

1970年代に入ると、アメリカの金ドル交換停止による固定相場制から変動相場制への移行や、OPEC（石油輸出国機構）による石油取引価格の急激な引き上げなどを契機に先進諸国の経済は低迷した。さらに高度経済成長期に普及したテレビ、冷蔵庫、洗濯機等の家電製品の需要が一巡し低迷した（図3.6）。そのため自動車、家電産業などは製品の高機能化による差別化をそれまで以上に図るとともに、コスト削減のために生産現場の省力化を進めた。その際に重要な役割を果たしたのが、マイクロプロセッサなどの情報技術である。情報技術の発達は、生産現場の自動制御による生産の効率化や、製品への電子部品の組込みによる製品の高機能化を可能にした。情報技術の核となる電子部品は、半導体用の素材のみならず、レアメタルなどの希少素材の需要の拡大をもたらした（図3.7、3.8）。

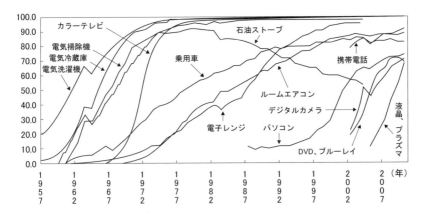

図 3.6　日本における主要耐久消費財の普及率

出典：内閣府「消費動向調査（普及率）」平成 16 年、平成 22 年より作成

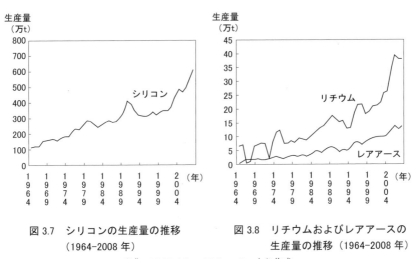

図 3.7　シリコンの生産量の推移
（1964-2008 年）

図 3.8　リチウムおよびレアアースの
生産量の推移（1964-2008 年）

出典：USGS, Mineral information より作成

　さらに 1980 年代以降の企業活動のグローバル展開は、途上国の地下資源依存型産業活動を深化させた。これは、台湾、中国、インドなどの新興国が、従来の低賃金を求めた先進国企業の生産拠点ないし国際分業の担い手としてだけではなく、新たに製品の大規模な消費市場となったことによる。

　他方で先進国市場では、コンピュータ、携帯電話といった情報通信機器の需要が一巡し、企業は製品差別化戦略を展開せざるを得なくなった。こうした製品差別化の中には、省電力、耐久性、充電性を高める素材が多く使用されるようになった。また、燃料電池、太陽光発電などの環境配慮型の新製品の開発・普及は、リチウム、プラチナ、シリコンなど、電解質や電極、触媒、薄膜などの機能材用の素材需要の拡大をもたらしている。

3.4　地下資源依存型産業活動の課題と展望

（1）環境・安全問題と予防原則

　地下資源の生産・利用における人体・環境への被害は、第二次世界大戦以降の高度経済成長の中で急増した。日本においては、アセチレン工業における触媒素材である水銀を原因とする水俣病・新潟水俣病（第4章参照）、ならびに亜鉛精錬におけるカドミウムを含む排水を原因とするイタイイタイ病、さらには石油コンビナートにおける硫黄酸化物の空気中への排出を主原因とする四日市ぜんそくなどの公害事件が発生した。また、石炭鉱山では、鉱山塵肺や崩落事故などの被害が多発した。1960年代に入ると、公害反対運動が世界各地で展開された。結果、先進国を中心に環境関連の省庁が設立され、公害対策に関する規制措置がとられるようになった。

　しかし、1970年代以降の公害対策の多くは、資源採掘、素材生産、製品生産過程における技術的な対応が中心で、有害物質の使用そのものを禁止する傾向は弱かった。また、対策の多くは、先進国に限られていた。そのためにそれらの対策は、消費・廃棄過程における資源の人体・環境への長期的な蓄積に伴う環境・人体被害の問題や、企業による生産拠点のグローバル化の結果として生じる途上国の環境・安全問題を克服するものではなかった。また、素材の中にはアスベストのように潜伏期間が30年近くもあり、かつごく少量の曝露であっても人体影響のリスクを伴うものもある（第5章参照）。このような素材の場合には、管理使用を前提とする対策的措置では限界があった。

　昨今、有害重金属や化学物質に関する使用規制・禁止に関する措置は、ヨーロッパを中心に対策が講じられつつある。たとえば、有害重金属 6 物質の家電製品への使用制限・禁止措置である RoHS 指令（Restriction of Hazardous Substances）や、年間 1 トン以上の化学物質を輸入・製造・使用・販売する企業に対してその化学物質の安全証明の提出義務を課した REACH 規制（Registration, Evaluation, Authorisation and Restrictions of Chemicals）などがあげられる。これらの規制は、将来の被害予測に基づいた環境・安全問題への対策であり、従来の規制とは性格が異なるものであることから、一般に予防原則に基づく規制といわれる。

　ただし、現状の予防原則に基づくとされる諸政策のすべてが優れた政策として評価されるものではない。なぜならば、第一に、予防原則には、人体・環境への被害の未然防止的な措置の必要だけではなく、経済的利益とのリスク・ベネフィット分析の必要も含んでいるからである。いいかえれば、生産活動の予防的規制は、経済的利益と人的・環境的配慮という場合によっては相反する内容のバランスに基づいて決定される。そうした事情から予防原則の政策への反映の仕方は各国でまちまちである。たとえば、アメリカはリスク・ベネフィット分析を重視する傾向だといわれている。他方で、ヨーロッパはリスク・ベネフィット分析を重要視しつつも、住民・市民を含めた政治的意思決定過程を重視する傾向であるといわれている。

　また第二に、地下資源依存型産業活動は生産拠点および消費地ともにグローバル化しているにも関わらず、予防原則は主に先進諸国で導入されているために地域的に限定された対策措置にとどまっている。たとえば、アスベストの使用に関する規制は、ヨーロッパ、日本では 2006 年までに全面的に禁止されたが、中国、ロシア、インドなどの新興国では増加傾向にある（図 3.9）。

　とはいえ、現状の予防原則は以上のような制限を含みながらも、地下資源依存型産業活動のあり方を環境・安全問題の観点から批判的に捉えなおす指標を提示している。

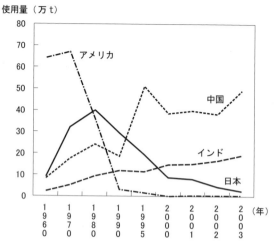

注）使用量は、原綿および石綿製品の「国内産出量＋輸入量－輸出量」で計算。

図3.9　主要各国のアスベストの使用動向（1960-2003年）

出典：Virta（2006）より作成

（2）資源枯渇とリサイクル

　今日の地下資源依存型産業活動が抱えるもう一つの課題として、資源枯渇があげられる。これまでにも資源枯渇の問題は、19世紀末の銅資源枯渇問題や1970年代のD.H.メドウズらによる「成長の限界」説などにおいても問題視されてきた。1970年代以降、資源採掘技術の開発をはじめとして、資源採掘の世界的な展開、代替地下資源の開発と利用、製品単位当たりの地下資源使用量の抑制などの技術的方策が考案され、さらに一部の鉱物資源ではリサイクル技術が進展した。その結果、地下資源の生産年限の指標である可採年数は、緩やかな減少ないしは維持・増加するようになった（**表3.1**）。

　しかし、これらの方策は、リサイクル技術を別にすれば、地下資源依存型産業活動そのものが根本的に有する、「有限な地下資源」を採掘し続けることによって引き起こされる地下資源の絶対的枯渇という問題を解決するものではない。

表 3.1　主要鉱物資源の可採年数^{注1)}の推移

(単位：年)

	1970	1980	1990 注2)	2000	2004 注3)
鉄	N.A	106.0	98.2	168.4	145.6
銅	49.7	70.5	63.3	49.1	64.6
アルミニウム	141.4	243.9	201.8	251.9	209.5
リチウム	17.6	721	150.9	42.6	46.9
白金族	100.0	172.3	194.2	195.1	156.7
レアアース	N.A	217.7	872.7	1317.4	1470.6
タングステン	33.1	48.9	68.3	70.5	104.9

注 1) 可採年数とは、当該年の埋蔵量を生産量で割った年数のことである。
注 2) 白金族は 1991 年。
注 3) リチウム白金族は 2003 年。鉄、タングステンは 2002 年。

出典：「世界鉱物資源データブック」より作成

　こうした事態を打開する方策として、資源リサイクルがますます取り組まれるようになってきている。それは、昨今の廃棄物問題の一層の深刻化、それに伴う市民の環境意識の高まり、また経済のグローバル化に対応した資源産出国の積極外交政策などがバックグラウンドにある。その結果、先進国を中心に地下資源の輸入を前提とする経済構造だけでは活路はないとの認識をもつようになってきている。

　このような既存の地下資源の有効利用は、地下資源依存型産業社会からの脱却を目指す上で重要な一歩である。しかし、日本では家電リサイクル法や容器包装リサイクル法などが施行されているものの、現状のリサイクル素材は、バージン素材との品質や価格競争において不利な状況に立たされており、地下資源採掘への依存度を大幅に引き下げるものにはなっていない。なお、ここで事態を複雑にしているのは次のことである。すなわち、経済のグローバル化の進展により、先進国で廃棄物になったものが途上国に輸出されて中古製品ないし製品素材として利用され、先進国におけるリサイクルの経済的条件の成立を困難にしていることである。

　リサイクルが地下資源依存型産業社会の脱却において重要な役割を果たすには、製品の設計段階での見直し、廃棄物の素材別分類の簡易化、廃棄

素材の輸送システムの確立が不可欠である。その結果、素材によっては素材段階までリサイクルせずに、リユースないしリビルト部品としてそのまま利用できる可能性も出てくるだろう。しかし、現状の製品の多くは、製品の使用段階での機能が最優先される結果、廃棄段階での素材ごとの分類の簡便さは考慮されない傾向にある。また、地下資源の製品への用途は多様である（**図 3.10**）。そのためリサイクルは技術的にも、コスト的にも困難になり、資源の多くは廃棄物として焼却・埋め立ての対象になりがちである。リサイクル素材が価格競争力を持つには、大規模にかつ効率的にリサイクルされる必要がある。

3.5　おわりに

地下資源依存型産業社会の世界的な浸透・深化は、一方では先進国を中心に製品の多様化、高機能化による利便性をもたらしてきたが、同時に公害・環境問題、地下資源枯渇問題、途上国での政治的混乱や民族紛争の原因をもたらしてきた。

こうした事態から脱却するには、地下資源のリサイクルと代替資源開発を促進することで、可能な限り既存の地下資源と地上資源を前提に循環型社会を形成することが不可欠である。

地下資源のリサイクルは、基本的には金属精錬技術を用いることから、現在の技術でも十分に可能である。また、日本では、2000 年に循環型社会形成促進基本法が制定され、それに相前後して自動車、一部の家電、建設廃棄物、食品廃棄物などに対するリサイクル法が制定された。しかし、それらの多くは、廃棄後のリサイクル推進を啓発するものであったり、リサイクルとはいっても部分的な措置にとどまっていたり、またリサイクルが経済的に成り立つような条件に達していない。現状では、第一に廃棄物回収システムがある程度確立されている、第二に比較的解体が容易である、第三に同一の地下資源の含有量が多い、第四に希少性の高い地下資源を含有しているなどの条件を満たしている製品に対してのみ、リサイクルが積極的になされている。したがってリサイクル率をさらに向上させるには、

生産者による廃棄・リサイクル過程を踏まえた生産過程の再構築を促進し、リサイクルの経済的条件を満たすような実効性のある政策が不可欠である。

　植物由来のバイオディーゼルやバイオプラスチック、炭素合成のカーボンナノチューブなどの代替資源開発も、地下資源からの脱却を図る重要な技術になりうる。しかし、現在の代替資源開発は、軽量、可塑性、強靭さ、二酸化炭素削減効果といった現在の市場ニーズにばかり目が向きがちである。生産・消費・廃棄段階での安全性、環境配慮、リサイクル性などが踏まえられなければ、代替資源もまた新たな安全・環境問題をもたらすかもしれない。こうした点に留意しつつ、生産者は代替資源開発を進めていかなければならない。

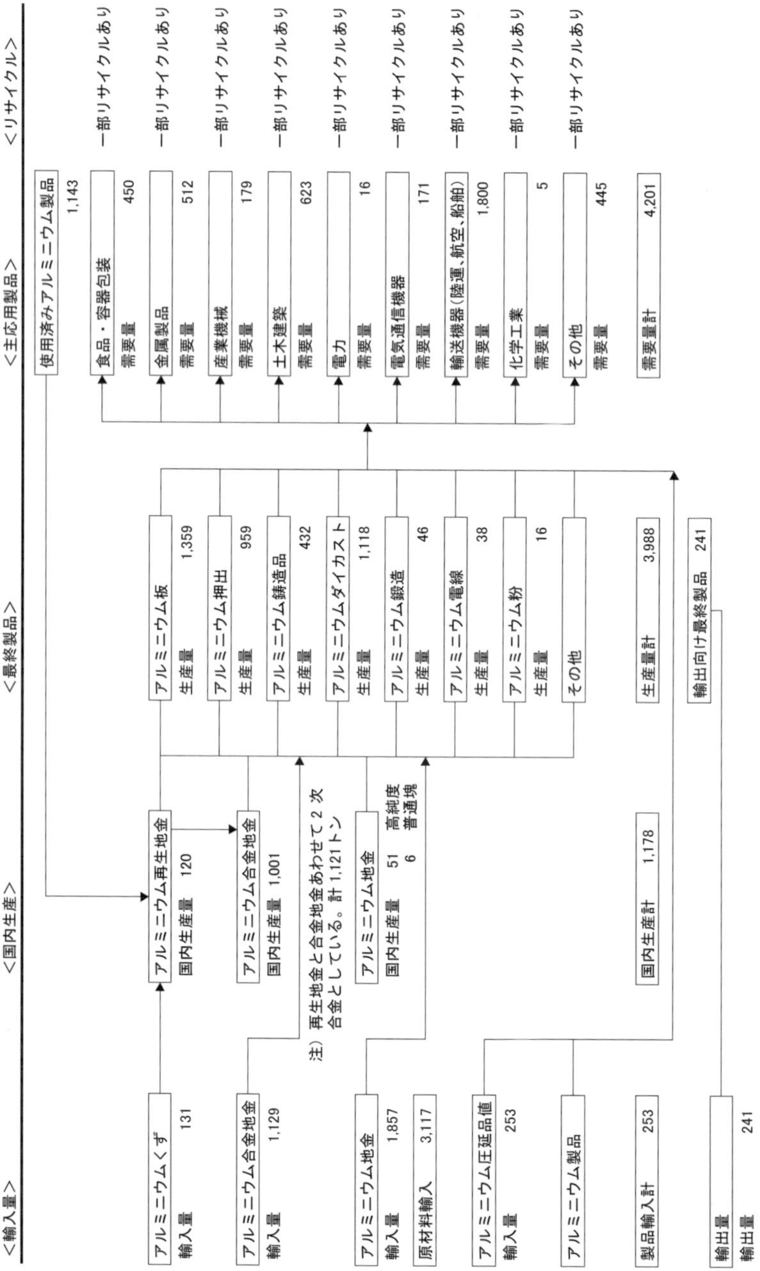
＜輸入量＞
＜国内生産＞
＜最終製品＞
＜主応用製品＞
＜リサイクル＞
アルミニウムくず
輸入量　131
アルミニウム合金地金
輸入量　1,129
アルミニウム地金
輸入量　1,857
原材料輸入　3,117
アルミニウム圧延品他
輸入量　253
アルミニウム製品
製品輸入計　253
輸出量
輸出量　241
アルミニウム再生地金
国内生産量　120
アルミニウム合金地金
国内生産量　1,001
注）再生地金と合金地金あわせて2次合金としている。計1,121トン
アルミニウム地金
国内生産量　51　高純度
6　普通塊
国内生産計　1,178
アルミニウム板
生産量　1,359
アルミニウム押出
生産量　959
アルミニウム鋳造品
生産量　432
アルミニウムダイカスト
生産量　1,118
アルミニウム鍛造
生産量　46
アルミニウム電線
生産量　38
アルミニウム粉
生産量　16
その他
生産量計　3,988
輸出向け最終製品　241
使用済みアルミニウム製品
1,143
食品・容器包装
需要量　450
金属製品
需要量　512
産業機械
需要量　179
土木建築
需要量　623
電力
需要量　16
電気通信機器
需要量　171
輸送機器（陸運、航空、船舶）
需要量　1,800
化学工業
需要量　5
その他
需要量　445
需要量計　4,201
一部リサイクルあり
一部リサイクルあり
一部リサイクルあり
一部リサイクルあり
一部リサイクルあり
一部リサイクルあり
一部リサイクルあり
一部リサイクルあり
一部リサイクルあり

図3.10　日本国内のアルミニウムフロー（2008年）

出典：JOGMECより転載

第4章　公害・環境問題（1）
高度経済成長と水俣病

4.1　はじめに

　水俣病とは、チッソ（株）水俣工場のアセトアルデヒド製造工程から排出されたメチル水銀が魚介類に蓄積し、それを食べた人々に発病する水銀中毒による神経疾患のことである（**図4.1**）。主な症状は感覚障害、運動失調、視野狭窄、聴力障害、言語障害などの中枢神経系の障害であり、患者数は4万人以上と推定されており、認定患者は2969人を数えている。水俣病はこれまでに人類が経験した世界でも類のない凄惨な公害である。

　水俣病は1956年5月に行政により確認され、その年の11月には原因が工場排水にあることが強く疑われ、1959年7月には原因物質の究明もなされた。しかし、政府がそれを正式に認定したのはアセトアルデヒド合成設備が廃止された4ヶ月後の1968年9月のことであった。なぜ12年間もチッソは工場排水を垂れ流し続けることができたのか。

　その後1977年7月には、水俣病認定基準は強化されて未認定患者が増大した。この基準は2004年10月の最高裁判決で国が敗訴した以降も見直されなかったために、被害救済を求める訴訟が今なお続いている。

　なぜ半世紀以上も行政は問題を解決できないのか。本章では水俣病問題の原因について、チッソの技術と国の産業政策の両面から考えてみたい。

4.2　チッソの技術と水俣病

　水俣病の直接の原因は、カーバイドから発生させたアセチレンの接触加水反応によるアセトアルデヒドの合成において、副反応として生成されるメチル水銀を含有する廃液を無処理のまま工場外へ排出したことにある。しかしこのことは単なる偶然ではない。チッソの技術体系の次のような奇形性が水俣病の発生につながったのである。

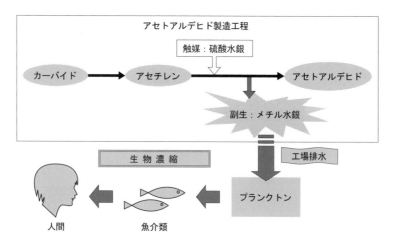

図 4.1 製造工程と水俣病発生のメカニズム

　チッソの技術の特質は、技術開発における先行性と表裏一体のものともいえる安全性無視かつ環境収奪型の技術体系にある。というのは、チッソは石灰窒素、合成アンモニア、塩化ビニール、オクタノールなどを日本で最初に成功させたが、安全性が未確立である技術を他社に先駆けて工業化することにより超過利潤を取得する一方で、労働者の安全や公害防止に関する設備については徹底的に節約した。このことは水俣工場において労働災害が多発したことや、周辺地域において深刻な環境破壊・漁業被害が引き起こされたことによく現れている。

　こうした技術の形成を導いた要因は、「職工は人間と思うな、牛馬と思って使え」という創業者・野口遵の訓辞に象徴されるように、資本主義的生産関係のもとで、チッソ経営者が安全性を徹底的に無視して利潤追求を貫徹したところにあるだろう。そしてそれを可能にした条件は、水俣における労働力の低廉さとチッソによる政治的、経済的な地域支配にある。これらは極めて少額の補償による労働災害や漁業被害の処理を可能にし、労働者の損傷や環境破壊をも経常的なコストとして算入する生産のあり方を成立させた。

　この企業体質は、財閥系企業の実験工場としての性格も付与されていたなかで、戦時中は一大軍需工場として機能し、朝鮮興南工場（朝鮮半島北東沿岸部）における植民地労働と結び付くことによって一層促進された。つまり日本資本主義のもとで、チッソでは非人間的労働を前提とした技術体系が戦前から一貫して歴史的に形成されてきたのである。こうした人命よりも利益を優先するチッソの姿勢が必然的に水俣病を発生させたといえよう。

4.3　チッソの論理と水俣病の本質

　水俣病は単なる病気ではない。チッソは後の裁判で、人体被害発生が実際に確認されるまでは危険性を予見できず、したがって企業活動は許されるのだとする「人体実験の論理」を展開した。けれども、遅くとも 1925 年頃から漁業被害が発生しており、プランクトン、貝類、藻類が死滅し、魚が死に、鳥、猫、豚が狂い死にしたのだから予見できなかったとはいえない。そして、とうとう人間が発病したのである。

　このことは環境に対するさまざまな異変が人体被害に先行することを示しており、チッソはあらかじめ恐るべき被害を十分予測できていたといわなければならない。ましてや確認できる最初の水俣病患者は 1941 年 11 月に発生し、1956 年 5 月には公式確認されていた。そして遅くともその年の 11 月までにはその原因が水俣工場の排水にあることが強く疑われていたのであるから、チッソは一刻も早く排水停止などの対策をとらなければならなかった。

　それにもかかわらずチッソは、排水中の原因物質が特定されない限り、また特定された原因物質が工程内で生成される機序、すなわち無機水銀が有機水銀になるメカニズムがすべて科学的に解明されない限り原因は不明であるとして、1968 年 5 月に設備が廃止される最後まで排水を垂れ流し続けた。そればかりかチッソは、熊本大学医学部水俣病研究班の原因究明調査に対して工場排水の採取を拒否したり、また有機水銀の流出を確認した 1951 年 4 月の社内報告書や、水俣病の原因がアセトアルデヒド工場排水に

あることを証明した 1959 年 10 月の猫 400 号実験結果を隠匿したりするなど、原因究明に協力するどころか実際には妨害・隠蔽工作を行っていた。

けれども、当初から原因が工場排水にあることは誰の目にも明らかであった。つぎつぎと人が死んでいくなかで被害の拡大を防止するためには、必ずしもすべての疑問点が解明される必要はなく、原因物質が特定されずともその経路さえ解明されれば対策が可能であったことは明白である。

さらにチッソは、患者の補償を求める運動に対しては、圧倒的な地域支配により患者を孤立させた。すなわち、わずかな見舞金とひきかえに将来原因が確定しても新たな補償要求は行わないとする、後の裁判で公序良俗に違反して無効とされたような見舞金契約を締結させ、その後 10 年近くも患者の声を完全に封じ込めた。

要するに水俣病とは、チッソが人間の生命の安全と環境の保全を度外視し、とにもかくにもみずからの資本蓄積を最優先し、収奪した結果として引き起こされたものである。実にチッソの組織的かつ計画的、継続的な企業活動によって水俣病は引き起こされた。いうならば、それは地域社会の破壊の頂点に位置するものである。しかし、この破壊が頂点を極めたのには、次節で述べるように、チッソと歩調を合わせる国と自治体の存在があった。

4.4 行政の対応と水俣病の拡大

チッソの悪質さは極度のものである。しかしながら、企業がみずから加害行為を停止しない場合、行政は国民の生命・健康を守る責務とそのための規制権限を有している。実際に水俣病の発生・拡大を防止する機会は数多くあったが、国は一貫してチッソを擁護し、最後まで何ら実効性のある規制を行わなかったのである。

水俣病は少なくとも水俣湾の魚介類の摂食によって発病することが、1956 年 11 月にはすでに明らかになっていたのであるから、漁獲禁止措置によっても被害の拡大を防げたはずである。しかし 1957 年 9 月に旧厚生省は、食品衛生法に基づく熊本県の漁獲禁止措置について、「水俣湾の魚介類

がすべて有毒化している明らかな根拠が認められない」として、その適用を妨害した。けれどもすべての魚介類が有毒化していることを証明するためにはすべての魚介類を採取・検査しなければならず、もしすべての魚介類を採取したとすれば、その後にはもはや漁獲禁止の対象は存在していないという驚くべき論理を展開した。

またチッソが1958年9月にアセトアルデヒド排水経路を百間港から水俣川河口へ変更した結果、不知火海一円に被害地域が拡大した時点においても、旧通産省は規制どころか1959年10月の行政指導により、排水路を水俣川河口から百間港へ元に戻すよう指示する始末であった。これらの事実は水俣病の原因が水俣工場の排水にあることを国が熟知していたことを示す何よりの証拠であり、犯罪的ともいえる行政指導であった。

こうした時期、かねてより水俣病の原因究明に努めていた熊本大学研究班は1959年7月に有機水銀説を発表した。これに対して通産省はその反論のために、同年9月に爆薬説、1960年4月にはアミン説を支持するなどして、チッソとその業界団体である日本化学工業協会とともに原因隠蔽工作を図った。

さらに1959年11月には、厚生省食品衛生調査会水俣食中毒部会も有機水銀説を答申するに至った。だが、厚生大臣は翌日に突然、同部会の解散を命じ、その後の原因究明とチッソへの責任追及を妨げた。国や熊本県はどんなに遅くとも1959年11月までには漁獲禁止や排水規制を直ちに行わなければならない明らかな証拠をつきつけられていた。それにもかかわらず、国は水質保全法・工場排水規制法による規制権限を行使しなかった。それどころか、同年12月にチッソが経済的理由（カーバイド残渣による耐火煉瓦の製造）から水俣工場に設置したサイクレーターを排水浄化装置であるとして、熊本県とともに大宣伝し、これをもって水俣病の終結を宣言して幕引きを図ろうとした。しかし、そのサイクレーターは有機水銀除去には全く効果のない装置であった。

このように、水俣病の被害の拡大はチッソのみによって引き起こされたものではない。国と熊本県が原因究明を曖昧にし、これを野放しにしたこ

とにある。その意味で行政の責任は極めて重いといわなければならない。

4.5 水俣病を引き起こした国の産業政策 ―石油化政策の問題

　このように行政が不誠実な対応に終始したのには、次のような産業政策にもよる。すなわち、高度経済成長政策の一環として通産省が石油化政策を推し進めたことにある。石油化政策とは、日本の高度経済成長のなかで化学産業の国際競争力強化を目的として、従来のカーバイド・アセチレン系有機合成工業から石油化学工業へと転換させる一連の政策のことである。

　ところで石油化学工業は、もともと第二次世界大戦中のアメリカにおいて主に発展した技術であるが、戦後その経済的優位性はすぐに明らかとなった。というのは、石油化学工業は原油から極めて多種の中間体や副産物を含む製品を、多様な生産部門が垂直的かつ多角的に結合し、順次連続的に生産しうる形態に特徴がある。そうした特徴をもつがゆえに、石油化学工業は装置産業として生産設備の一層の大型化を図るべく、巨大な資本を必要とした。

　実際に1955年7月の石油化学工業第一期計画は、三井・三菱・住友などの大財閥を中心として、既存のカーバイド系有機合成工業との競合を避けた製品分野で主に展開された。その一方で政府は、将来の石油化学工業への移行に備えるこれらの既存のカーバイド工業に対して、1956年3月に資金面、販売面、税務面等において手厚い保護育成政策を打ち出した。

　そして1959年12月に発表された石油化学工業第二期計画では、これらのカーバイド系有機合成工業の原料転換による石油化学工業の総合化が目指された。その際、需給調整の必要性からスクラップ・アンド・ビルド方式が取られた。すなわち、カーバイド・アセチレン法の生産設備の一部を廃棄することによって、石油化学による新しい生産設備を作る権利が認められるという方式である。このことは現実には、新しい設備をビルドして生産が軌道にのるまでは事実上スクラップされないということを意味し、旧設備を最大限に利用して資本蓄積することを可能にした。

この第二期計画の進展により、チッソをはじめとしたカーバイド・アセチレン系有機合成工業は、石油化学へと技術転換しない限り生き残ることができなかった。なぜなら、カーバイド系有機合成工業の基本的中間原料であるアセトアルデヒドの製造において、カーバイド・アセチレン法に対する石油からのエチレン直接酸化法のコスト面での優位性は歴然としていたからである。

こうして国による保護育成政策とスクラップ・アンド・ビルド方式の下で、チッソは既存設備の徹底した合理化を行い、無理な大増産を強行し、無謀ともいえる工夫を行って操業を続けた。実際にチッソのアセトアルデヒド生産量は、1955 年の 1 万 633 トンから 1960 年には 4 万 5245 トンへと飛躍的に急増した。その結果、チッソは自己資本を強蓄積していったが、水俣を地域ぐるみスクラップ化させてしまった。その後 1962 年 6 月にチッソ石油化学を設立し、1964 年 7 月にエチレン法による製造を開始し、ようやくカーバイド・アセチレン法から石油化学への転換を果たしたのであった。

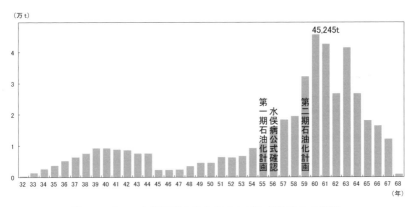

図 4.2　チッソ水俣工場のアセトアルデヒド生産量の推移
出典：有馬澄雄編『水俣病』より作成

そもそも国は産業政策を推進する立場から、戦前より一貫して化学工業を統制・監督・指導の下におき、その製造について一定の関与を行ってき

た。すなわち、戦前は軍事的需要をまかなうために、保護統制政策の下で、チッソに大増産をさせた。その結果、確認できる最初の水俣病患者を発生させたのだった。また戦後は、石炭・鉄鋼・化学肥料等に資源を重点配分した傾斜生産方式、ならびに合成繊維・合成樹脂工業育成政策により、チッソの生産量を急回復させた。そして、先にみた水俣病の公式確認患者の発生につながったのである。

こうしたなかで 1956 年に明らかにされた水俣病の存在は、チッソ、化学工業界、通産省に対して一大打撃であった。チッソにとっては、アセトアルデヒド製造設備は石油化学へ進出するための資本蓄積の基幹設備であった。かつアセトアルデヒドから合成されるオクタノールは、塩化ビニールの可塑剤 DOP（フタル酸ジオクチル）の原料として、1960 年までチッソが独占的に生産していたものである。また化学工業全体にとっても、全国の同種のカーバイド・アセチレン系有機合成工場の操業や、オクタノールの需要先である塩化ビニール業界に甚大な影響を及ぼす恐れがあった。ひいては通産省の石油化政策の遂行にとって、致命的な打撃を与えるものであった。そのために国は、化学工業界、チッソと一致協力して水俣病の圧殺を図り、カーバイド・アセチレン法から石油化学への転換がすべて終了する 1968 年まで、水俣病の原因確定と公害認定を引き延ばしたのである。

したがって水俣病問題の根本的原因は、水俣病を早期に収拾して、カーバイド工業に自己資本を蓄積させ、石油化学への転換をスムーズに進めるという国の産業政策そのものにあった。国はチッソ 1 社を擁護したのではなく、その政策は日本化学産業全体の意向を反映していた。そして、通産省はみずからの政策を守ろうとした。国は単に消極的に漁獲禁止や排水規制をしなかっただけではなく、その石油化政策を推進することにより、むしろ積極的に水俣病を発生・拡大させたのである。

その同じ政策が新潟水俣病や水銀汚染による被害を全国に引き起こし、また四日市喘息などの石油化学コンビナートによる公害の発生にもつながった。こうした国民の生命・健康よりも産業・経済成長を優先するという行政の姿勢が、このような公害を構造的かつ必然的に発生させたのである。

水俣病患者はまさに日本資本主義の高度経済成長の生贄（いけにえ）とされたのであった。

4.6 おわりに

　その後の公害裁判により水俣病問題の実状が明らかになって以降も、国はその責任を一切認めず、今日に至るまで被害実態調査を一度も行わないばかりか、1977 年 7 月には重症患者との比較で水俣病認定基準を強化し、被害者救済とはかけ離れた大量の患者切り捨て政策を行ってきた。こうした状況のもとで、未認定患者が司法に救いを求めたのは当然のことであった。

　そして、2004 年 10 月の水俣病関西訴訟の最高裁判決で国が敗訴して以降も、国はその責任を一部認めたものの、認定基準をかたくなに見直さず、わずかな救済金とひきかえに原因企業が消滅しうるチッソの分社化を認めるなど、行政責任をふまえた被害補償や環境再生を進めないまま、またしても幕引きを図ろうとしているのである。こうした国のあり方が水俣病問題を未だに解決できないだけでなく、大気汚染公害、薬害、じん肺問題、アスベスト公害など、つぎつぎと同じ過ちを繰り返していくことになるのである。

　なお、この水俣病は有機水銀中毒の健康被害であるが、水銀の健康被害はこれにとどまらない。石炭燃焼をはじめとして金採掘や金属精錬、セメント製造など、いろいろな場面において大気中に排出される可能性があり、また塩化ビニールの製造をはじめ、電池・計測機器や照明器具などにも水銀は使用されており、その管理・規制を国際的に整備する必要がある。その対応の一つが国連環境計画（UNEP）で、現在協議が行われていることを付記しておく。

【水俣病略年表】

1932 年 5 月	チッソ水俣工場、アセトアルデヒド製造開始
1936 年 3 月	昭和電工鹿瀬工場、アセトアルデヒド製造開始
1941 年 11 月	確認できる最初の水俣病患者の発生
1951 年 4 月	有機水銀流出を予見したチッソ社内報告書
1952 年 9 月	チッソ水俣工場、オクタノール製造開始
1954 年 4 月	チッソ技術部・五十嵐、工程中の有機水銀の変化の研究を発表
1955 年 7 月	通産省、石油化学工業第一期計画
1956 年 3 月	通産省、カーバイド工業およびタール工業育成対策
1956 年 5 月	行政による水俣病の公式確認
1956 年 11 月	熊本大学医学部水俣病研究班、魚介類による重金属中毒説を発表
1957 年 3 月	厚生省厚生科学研究班、魚介類の汚染は水俣工場排水の影響が大であると報告
1957 年 9 月	厚生省、食品衛生法の適用を妨害
1958 年 9 月	チッソ、アセトアルデヒド排水経路を百間港から水俣川河口へ変更
1959 年 7 月	熊本大学医学部水俣病研究班、有機水銀説を発表
1959 年 10 月	チッソ付属病院長・細川一による猫 400 号実験
1959 年 11 月	厚生省食品衛生調査会水俣食中毒部会、有機水銀説を答申 国、水質保全法・工場排水規制法による規制権限を行使せず
1959 年 12 月	通産省、石油化学工業第二期計画 見舞金契約の締結（死亡者見舞金 30 万円、生存者年金 10 万円）
1964 年 7 月	チッソ石油五井工場、エチレン法アセトアルデヒド製造開始
1965 年 1 月	昭和電工鹿瀬工場、アセトアルデヒド製造停止
1965 年 5 月	新潟水俣病の公式確認
1967 年 6 月	新潟水俣病第一次訴訟の提訴（昭和電工）
1968 年 5 月	チッソ水俣工場、アセトアルデヒド製造停止
1968 年 9 月	国、水俣病の原因を水俣工場および鹿瀬工場排水と断定（公害病認定）
1969 年 6 月	熊本水俣病第一次訴訟の提訴（チッソ）
1971 年 9 月	新潟水俣病第一次訴訟の原告勝訴判決
1973 年 1 月	熊本水俣病第二次訴訟の提訴（チッソ）
1973 年 3 月	熊本水俣病第一次訴訟の原告勝訴判決
1973 年 6 月	新潟水俣病補償協定書の締結
1973 年 12 月	熊本水俣病補償協定書の締結
1976 年 5 月	チッソ元社長・元工場長を業務上過失致死傷で起訴（刑事訴訟）

【水俣病国家賠償訴訟】

1977 年 7 月	環境庁、水俣病認定基準の強化
1980 年 5 月	熊本水俣病第三次訴訟の提訴（国・県・チッソ）

1982 年 6 月	新潟水俣病第二次訴訟の提訴（国・昭和電工）
1982 年 10 月	熊本水俣病関西訴訟の提訴（国・県・チッソ）
1984 年 5 月	熊本水俣病東京訴訟の提訴（国・県・チッソ）
1985 年 11 月	熊本水俣病京都訴訟の提訴（国・県・チッソ）
1987 年 3 月	熊本水俣病第三次訴訟の原告勝訴判決（初めて国の責任を断罪）
1988 年 2 月	熊本水俣病福岡訴訟の提訴（国・県・チッソ）
1995 年 12 月	水俣病問題の政治解決（未認定患者に一時金 260 万円）
1996 年 5 月	水俣病訴訟の和解成立（関西訴訟を除く 4 高裁 4 地裁）
2004 年 10 月	熊本水俣病関西訴訟の最高裁判決（国・熊本県の責任確定）
2005 年 10 月	熊本水俣病損害賠償請求訴訟の提訴（国・県・チッソ）
2007 年 4 月	新潟水俣病第三次訴訟の提訴（国・県・昭和電工）
2007 年 10 月	熊本水俣病損害賠償請求訴訟の提訴（国・県・チッソ）
2009 年 6 月	新潟水俣病第四次訴訟の提訴（国・昭和電工）
2009 年 7 月	水俣病被害者救済特別措置法（未認定患者に一時金 210 万円、チッソの分社化）

第5章　公害・環境問題 (2)

アスベスト問題と国家の責任

5.1　はじめに

　2005 年の「クボタ・ショック」はアスベストによる健康被害の恐ろしさを広く知らしめたが、それ以上に衝撃的なことは、アスベスト製造工場の周辺住民への被害の発生により、初めて従業員の労働災害の深刻な実態が明らかにされたことである。

　水俣病問題でみてきたように、日本の公害問題の教訓は、継続的な人間と環境の収奪による地域社会の破壊の頂点として人体被害をとらえることにある。このことは、公害が決して突発的な事故ではなく、環境に対するさまざまな異変が人体被害に先行することを教えている。ましてやアスベスト公害については、深刻な労働災害がすでに、つぎつぎと発生していたのであるから、これを放置した国と企業の責任は極めて重いといわなければならない。

　一般に、公害問題は「不変資本充用上の節約」、すなわち企業間競争のもとで直接的な生産に関わらない設備費等の節約によってもたらされる。この意味で、公害は労働災害の地域への拡大としてとらえることができる。どちらも同じ経済法則に起因するために、公害を引き起こす企業は労働災害も多発する傾向がある。そして両被害とも同一の有害物質でかつ生物濃縮を伴わない場合、公害よりも労働災害が先に発生することが多い。しかし現実には、公害問題としてとりあげられた後に、ようやく労働災害の実態が世間に知られるのである。そして、労働災害を公害との関わりなしに労働災害それ自体の問題としてとりあげ、その時点で社会的に対策をとることによって、公害の発生を事前に防止することも可能になるのである。

5.2 アスベスト問題とは何か

　アスベスト（石綿）とは、クリソタイル（白石綿）、クロシドライト（青石綿）、アモサイト（茶石綿）などの天然の繊維状鉱物の総称であり、耐熱・耐摩擦性、高張力・柔軟性、耐薬品・耐食性、断熱・防音・絶縁性などの特性から、さまざまな用途に広く使用されてきた。アスベスト関連疾患には石綿肺、肺がん、中皮腫、びまん性胸膜肥厚などがあり、潜伏期間は10～40年と非常に長いが、いったん発症するとその予後は極めて悪く、片ときも息苦しさと肉体的、精神的苦痛から解放されることのない残酷で悲惨なものである。

図 5.1　アスベスト鉱石

　アスベスト問題は、資源採取・生産・流通・消費・廃棄といった社会的生産の全過程において被害を引き起こす複合型災害であり、職業性曝露から、家族曝露、近隣曝露、環境曝露、製品や廃棄物による二次・三次曝露へと被害が拡大してきた。国内の被害者数は、労働災害と認定されたものが中皮腫と肺がんだけで6438人、そして石綿健康被害救済法で認定された非職業性曝露によるものが5892人（2009年度末）である。これらの数字は氷山の一角で、今後10～30万人以上が犠牲になると推定されている。

　なぜ、これほどまでに深刻な被害の発生・拡大を防止することができなかったのか。決してアスベストの有害性は昨今明らかになったことではな

い。1899 年のマレーによる最初の石綿肺の報告をはじめとして、1924 年の
クックによる石綿肺の病理学的研究とアスベスト小体の発見、1930 年には
ミアウェザー＆プライスによる大規模な疫学的調査の実施、および同年の
ILO による第 1 回国際珪肺会議の開催と石綿肺の危険性の警告、さらには
1931 年のイギリスの「アスベスト産業規制」の成立など、遅くとも 1930
年代初頭には石綿肺の危険性は国際的に広く認識されていた。

　それゆえ日本においても、1937 年から旧内務省保険院による泉南地域の
大規模な医学的調査が行われた。したがって、その時点で危険性はすでに
認識されていたのだが、日本でアスベスト粉塵に対する規制が開始される
のには、1971 年の「特定化学物質等障害予防規則」を待たなければならな
かった。実に欧米に比して 30〜40 年対策が遅れたことになる。

　また、石綿肺だけでなく発がん性に対する対策も同様であった。1935 年
のリンチ＆スミスによる最初のアスベスト肺がんの報告から、1943 年のヴ
ェドラーによる最初の中皮腫の報告、1955 年のドールによるアスベスト肺
がんの疫学的研究、1960 年のワグナーらによる非職業性曝露による中皮腫
の報告、1964 年のニューヨーク科学アカデミー主催のアスベストの生物学
的影響に関する国際会議などを通して、どんなに遅くとも 1970 年代初頭に
はアスベストの発がん性と環境曝露の危険性は十分に認識されていた。と
ころが、日本でアスベストの使用が禁止されたのはようやく 2006 年のこと
であり、欧米に比して 15〜25 年対策が遅れている。

　なぜ、これほどまでに日本の対策が後れをとったのであろうか。これら
の原因について、アスベスト産業の粉塵対策技術と国の産業政策の両面か
ら考えることが必要である。

5.3　日本のアスベスト産業の粉塵対策技術

　先に指摘したように、アスベストによる健康被害の原因がアスベスト粉
塵の飛散・曝露にある以上、労働環境における粉塵対策がその後の被害の
拡大を防止するうえで決定的に重要である。最高の技術水準をもってして
もなお対策が困難であれば、国や企業はそうした生産方法をそもそも実用

化してはならない。なぜなら、企業に働く労働者や地域住民の生命・健康を犠牲にしてまで、利潤を追求することが許されることではないことはいうまでもないからである。

ところで粉塵対策技術とは、局所排気装置（集塵装置、フード、ダクト、ファン、モーター）、密閉、機械化（自動搬送装置）、工程隔離、湿式化、代替化、防塵マスク、粉塵測定器など、粉塵の発生・飛散・曝露の防止手段の体系のことである。そしてこれらのアスベスト粉塵対策の基本的な技術体系は、遅くとも1930年代には確立されていた。したがって、国や企業は「粉塵対策の技術的基盤がなかった」といい訳することはできない。

実に日本のアスベスト産業の技術は、労働者や地域住民の生命・健康を守るために当然に備えられるべき粉塵対策技術を欠如したままないしは不十分なまま、直接的な生産に関わる技術のみを肥大化させつつ形成されてきた。粉塵の発生源に着目するならば、こうした技術体系の奇形性がアスベスト公害の発生につながったのである。

このように日本のアスベスト産業の技術が形成された基本的要因は、資本主義的生産関係のもとで、アスベスト製品の需要部門を含めた独占的大企業が徹底的に安全性を無視して利潤追求を貫徹してきたところにある。それに加えて、以下のような日本の特殊な条件があった。

第一は、大企業による政治的・経済的・イデオロギー的な地域支配の問題である。先のクボタでは実に従業員170人、周辺住民191人（2009年度末）もの被害を発生させていた。このクボタをはじめニチアスなどの大企業が、多数の労働者や周辺住民に健康被害を引き起こしかねない危険性を熟知しながら、操業を続けることができたのは、その圧倒的な地域支配により労働者、家族、周辺住民、医師、行政官などの声を封じ込めることが可能だったからである。

第二は、産業構造の特殊性に由来する問題である。すなわち最も粉塵が発生する危険な生産工程を最も零細な企業群が担っていた。アスベスト産業の第一次加工（原料から石綿糸・布を作る）分野である紡織業を大阪泉南地域の多数の小規模零細企業・家内工業等が担っている。また個別・移

動生産（一品生産）で重層下請構造を特徴とする建設業の現場作業を多種の零細事業者・一人親方等が請け負っている。このために、独占的大企業との収奪関係に取り込まれて、みずから危険性の情報を収集できず、たとえ危険性を知り得たとしても資金力もなく対策は困難であった。

第三は、被害者の多くが社会的、経済的弱者であったことである。泉南地域の紡織業に携わっていた人たちには低賃金労働者が多かったといわれている。また建設業でも下請け・臨時・日雇いなどの労働者が多数従事していた。そのために被害が相対的に低所得者層に集中することになったといえる。このことが適切な医療・診断を受けることを困難にし、社会的な無関心・放置につながり、被害を見えにくくした一因ではないかと考えられる。

これらの条件により、アスベスト疾患の潜伏期間の長さとも相まって、労働災害の隠蔽を可能にし、労働運動・住民運動を困難なものとし、被害の顕在化を遅らせた結果、社会問題化されなかったのである。

以上でみてきたように、日本のアスベスト産業の粉塵対策技術の形成が不十分であった原因は、決して技術そのものが未発達であったからではない。利益を第一に考える企業は、粉塵対策技術に対して利益を減じかねないコストとみる。それゆえに、法的に強制されたり社会問題化されたりしない限り、これを進んで導入しようとはしない。ここにアスベスト公害を必然的に発生させた、日本のアスベスト産業における技術の資本主義的形態の問題がある。

なおいえば、先の三つの条件は同時に被害が拡大する条件でもあった。すなわち労働者は、安全教育を受けるどころか危険性すら知らされず、劣悪な労働環境のなかで長時間労働に従事し、たとえ危険性を知り得たとしても生活のために続けざるを得なかった。その結果、高濃度・長時間・広範囲の曝露につながった。ことに泉南においては、200 以上の工場・作業所、社宅・寮がひしめき、地域全体がひとつの「石綿工場」といえるほどに関連施設が集中していた。こうした産業の集積性・密集性が家族ぐるみ、地域ぐるみの被害の激化につながった。こうした労働力（安全教育の欠如、

長時間労働等）と労働手段（粉塵対策技術の欠如、産業の集積・密集性等）
の双方における資本主義的性格が、「泉南地域のアスベスト労働者の平均寿
命は男で14歳、女で19歳短い」という事実に象徴されるような恐るべき
被害を生み出したのであった。

5.4 国のアスベスト規制と被害の拡大

　企業がみずから対策をしなければ、あるいはできなければ、国民の生命・
健康を守る立場から、実効性のある粉塵対策や使用禁止等の法的規制を行
うのが国の役割である。こうした社会的規制こそが粉塵対策技術の発達を
促すのである。ところが国はアスベストの有害性を70年以上も前から把握
していながら、しかもこれまで被害の発生・拡大を防止する機会が数多く
あったにも関わらず、何ら積極的な措置を講じず、クボタ・ショックまで
対策を怠ってきた。

　国は先の保健院調査により、戦前からアスベストの危険性を認識してい
た。戦後も、1952年から実施された宝来らによる一連の石綿肺の調査によ
り深刻な健康被害を再確認しており、遅くとも1950年代前半には公的規制
を行わなければならない状況にあった。しかし国は内外の医学的知見を収
集・蓄積し、ほぼ独占していながら、保健院調査も公表せず、国民への適
切な情報提供を怠った。そればかりか、1960年の「じん肺法」制定時点に
おいても、局所排気装置の設置や粉塵濃度測定を義務づけず、基準濃度も
設定しなかった結果、その後の被害の発生・拡大を招いた。

　どんなに遅くとも、ILO・WHOの国際会議等で低濃度曝露による発がん
性が確認された1970年代前半までには、使用禁止を含めた規制権限を行使
しなければならない決定的な時期であった。というのも、1970年以降はア
スベストの大量消費の段階を迎え、泉南地域の重症患者も急増していた。
だが、国は一貫してこうした労働災害の実態を隠蔽しようとした。また環
境曝露による健康被害も報告され、この時期に労働災害から公害へと被害
が拡大した。

　日本のアスベスト粉塵対策の法的規制は、1971年に制定された「特定化

学物質等障害予防規則」から始まる。この法制化により、国はようやく局所排気装置の設置等を事業者に義務づけた。しかし著しく高い基準濃度に設定し、粉塵濃度測定結果の報告や改善措置を義務づけず、かつ小規模零細業者への措置も講じなかったために、ほとんど実効性がなかった。その後 1975 年の改正により、5%超の吹き付けアスベストを一部禁止した。けれども一定の条件下で「建築物の柱等として使用されている鉄骨等」への吹き付け作業を容認したために、その後も吹き付けアスベストの使用は事実上継続された。また 1976 年の旧労働省通達により、家族への二次曝露を防止すべく専用作業着の着用・保管の指導がなされたが、強制力がなく事業者に義務づけるものではなかった。

　1980 年代の世界的なアスベストの使用禁止の潮流のなかで、遅くとも 80 年代中頃には直ちに使用禁止措置をとらなければならない切迫した段階を迎えた。というのは、1986 年に ILO アスベスト条約が採択され（日本はクボタ・ショック後の 2005 年に批准）、また 1987 年には校舎の吹き付けアスベストの危険性が「学校パニック」として社会問題化した。ところが国は 1988 年に作業環境評価基準として管理濃度を導入し、翌 1989 年の「大気汚染防止法」改正により工場の敷地境界基準を設定したのみで、不適切な管理使用政策を続けた。また、1992 年に議員立法として提出されたアスベスト規制（使用禁止）法案に対しては日本石綿協会とともに廃案に追い込んだ。

　ところで、この間の規制の対象はいずれも屋内作業場にほぼ限定されており、建設作業員の粉塵曝露防止対策は極めて不十分であった。1992 年の労働省通達において、国はようやく集塵機付電動工具の使用やプレカット工法の採用等についての行政指導を行った。解体作業の規制についても著しく遅れ、また建設作業場における局所排気装置の設置や粉塵濃度測定の義務づけ、屋外作業環境基準の設定等の規制については最後まで示されなかった。

　そして 1995 年には毒性の強いクロシドライト（青石綿）とアモサイト（茶石綿）の使用、ならびにアスベスト含有率 1%超の吹き付け作業の原則禁

止へと規制が強化された。しかし鉄骨等への吹き付け作業を認めた除外規定はそのまま残り、2005 年になってようやく除外規定が削除されるなど、その対応は完全に遅きに失したといわざるを得ない。こうした対策の遅れがさらなる深刻な事態を招いた。阪神淡路大震災はその被災地域全体をひとつの「解体現場」と化して、損壊した建物から大量のアスベストを飛散させ、無防備な住民に対する曝露を引き起こした。なおかつ、その後の復興需要による大量のアスベスト建材の流通を許すことになったのである。

　さらに自動車の摩擦材については、1998 年の旧運輸省通達により乗用車のブレーキライニングへのアスベストの使用禁止を指導した。けれども自動車産業はそれ以前から輸出仕様には代替品を使用していたのだから、規制をすれば国内仕様についても早くから代替可能であったことは明らかである。

　2005 年のクボタ・ショックという世論を背景とした圧力により、ようやくアスベストの原則全面禁止へと至った。だが、すでに甚大なアスベスト公害を引き起こしただけでなく、未だに一般環境基準や室内環境基準等もなく、現在に至るまで規制内容は依然として不徹底なままなのである。

　以上でみてきたように、国は危険性を熟知しながら情報を隠蔽し、粉塵対策や代替化が技術的に十分可能でありながらも規制を行わず、アスベスト関連産業の経済的利益に配慮してアスベストの生産・使用実態がなくなるまで対策を先延ばしにしてきた。実に国の不作為は明らかである。

5.5　国の産業政策によるアスベスト産業の振興

　さて、こうした国の行動を規定したのが当時の産業政策であった。以下に示すように、国は一貫して直接的、間接的にアスベスト産業を保護・育成・利用してきたのである。

　そもそも日本におけるアスベスト産業の形成は、国家政策として推進された。日清戦争後に戦艦の国産化が目指され、これを推進する海軍の要請を受けて、保温材やパッキン類を製造すべく 1896 年に日本アスベスト（ニチアス）が設立された。これを起点として、日本アスベストの創業者の 1

人である栄屋が、1908年に先の泉南地域でアスベスト紡織品の国産化に成功した。摩擦材については、陸軍の勧めもあり、1929年に曙石綿工業所（曙ブレーキ工業）が設立された。当時の軍備拡張政策の下で、アスベスト産業が奨励され、生産力の拡充が図られた。

1937年以降の戦時統制経済は、各種産業に対して国家的保護・管理・統制を強化した。アスベスト産業についても例外ではなかった。1942年の石綿配給統制規則、1943年の軍需会社法等により、軍需会社に指定された多くのアスベスト関連企業は政府の指示通りに増産を義務づけられた。また石綿セメント管については、鉄鋼使用制限に伴う鋳鉄管の代用として、企画院の要請を受けて1939年に秩父セメントが生産に着手した。このように戦前のアスベスト産業は国家の強力な軍事需要に支えられて発展した。

戦後、アスベスト産業は傾斜生産方式をはじめとした経済復興政策により、いち早く復興を遂げた。1946年に旧商工省は、食糧増産に必要な化学肥料（硫安）を製造するために電解隔膜用石綿布が不可欠とみて、この増産を重視した。そしてこれを実現するために、アスベスト指定工場に原料等を優先配分する保護育成策を導入した。そして1949年の国によるアスベスト原料の輸入再開以降も、重要物資と位置づけて輸入外貨割当や資材・資金の確保等で優遇措置をとり、その生産量を急回復させた。またこの過程で軍需から民需への転換も行われた。

1950年代後半からの高度経済成長政策の下で、アスベスト産業は経済の発展と相まって一貫して拡大していった。1962年のアスベスト原料の輸入自由化も契機となり、石綿板、ブレーキライニング、ジョイントシート、紡織品等のアスベスト製品は高度経済成長を牽引する基幹産業の基礎資材として、1960年代にその需要を急速に伸ばした。国・旧通産省はこれらのアスベスト製品の需要部門である各種の産業（自動車、機械、鉄鋼・金属、化学、造船・鉄道、電力・原子力、石油、建設、軍事産業等）に対して、行政指導の手法も含めた多様な産業振興政策を推進し、間接的にアスベスト産業を振興した。というのも、この1960年代は耐久消費財や製鉄・石油化学コンビナートに象徴される重化学工業化が進展し、また新鋭火力発電

によって電源は「火主水従」へと転換し、さらに物流の増大に伴って海運・陸運は輸送力を増強した。これらの産業活動に必要な生産設備や交通機関の大型化、高温・高圧化、高速化等を実現する技術は、シール材、保温・断熱材、摩擦材等の大量のアスベスト製品により支えられていた。

5.6　石綿セメント製品の使用推進政策

　日本では、約 1000 万トンのアスベスト輸入量のうち 70%以上は建材に使用されている。石綿スレートをはじめとしたアスベスト含有建材は、高度経済成長期の 1960 年代に急増し、1970〜80 年代に大量生産・大量消費時代を迎えることになった。こうした事態をもたらした要因は国・旧建設省によるアスベスト建材の使用推進政策にある。

　まず 1950 年の「建築基準法」において「不燃材料」として石綿スレートが規定された。次いで 1959 年の施行令改正により「防火構造」として石綿スレート、1964 年には石綿パーライト板が規定された。そして 1964 年の建設省告示において「耐火構造」に適合するものとして、「鉄骨等への石綿吹付け」、石綿スレート、石綿パーライト板、石綿ケイ酸カルシウム板が指定された。また 1970 年の告示では「遮音構造」として石綿スレート、石綿パーライト板が指定されるなど、その法制化が進められた。このように国が耐火材・防火材等としてアスベスト建材を指定し、事実上これらの使用を義務づけ、普及を促進した。さらに 1964 年の建築物の高さ制限撤廃を契機に、高層ビル化や鉄骨構造化が進展した結果、大量の吹き付けアスベストが使用されることになった。

　しかし 1970 年代初頭にこれらの危険性が明白になると、建設省は 1973 年に官庁営繕工事における技術基準である「庁舎仕上げ標準」の内部仕上表から石綿吹き付けをいち早く除外した。さらに校舎の吹き付けアスベストが社会問題化した 1987 年には、同省は所管官庁施設においてアスベスト建材の使用禁止を指示した。しかしその一方で、民間建築物についてはそのまま放置した。ようやく 1987 年の建設省告示改正により耐火構造の指定工法から石綿吹き付けが削除され、2004 年の告示改正ですべてのアスベス

ト建材の指定が削除された。だが、アスベスト建材が使用禁止となるのは2006年の建築基準法改正を待たなければならなかった。

　また石綿（高圧）セメント管についても多用された。1955年に日本水道協会は「水道施設基準」において石綿セメント管を指定した。その後、廉価なことから、地方自治体の上水道整備に伴う公的需要により、生産量は1950年代後半に急増し、1970年代前半まで大量に製造された。

　さらに、通産省はJIS（日本工業規格）において、各種アスベスト製品の国家規格を制定し、公認してきた。1950年に石綿スレート（2004年に廃止）、水道用石綿セメント管（1988年に廃止）、1954年に石綿糸、石綿布、石綿板（1997年に廃止）、1966年に石綿セメントパーライト板（2004年に廃止）、1973年に石綿セメントケイ酸カルシウム板（2004年に廃止）などを制定してきた。これらを通じて、国は石綿セメント製品の積極的な使用推進政策を遂行してきたのである。

　したがってアスベスト問題の根本的原因は、アスベスト産業の粉塵対策や代替化のコストを節約して、低廉なアスベスト製品を各種産業分野の広範な用途に利用することによって、基幹産業の国際競争力を下支えするという国の産業政策そのものにあった。国は日本経済全体に及ぼす影響を考慮して、消極的に粉塵規制や使用禁止をしなかっただけでなく、アスベストの直接的、間接的な産業振興政策や使用推進政策により、むしろ積極的に被害を発生、拡大させた。こうした国民の生命・健康よりも産業・経済成長を優先するという国の姿勢が必然的にアスベスト公害を発生させた。まさに日本資本主義の経済成長は、このようなアスベスト被害者の犠牲の上に成り立っているのである。

5.7　おわりに

　アスベスト問題は決して終わったわけではない。疫学調査による被害実態の解明、補償・救済制度の確立、実効性のある建物解体・廃棄物処理規制による被害防止の徹底、世界のアスベスト被害の根絶など、喫緊の課題が山積している。また政府・官僚は未だに国家としての責任を一切認めて

おらず、各省庁間の利害対立と責任転嫁に終始している。国は真摯にアスベスト問題に向き合い、その解決のための総合的施策を講じることが求められている。

　以上でみてきたように、日本のアスベスト産業の技術発達は労働者や住民の安全性に関わる技術を欠いた特殊なものであった。そしてそれは、経済成長や利潤を何よりも優先する国や企業の姿勢に大きく規定されていた。その点から考えれば、新たな公害・環境問題を引き起こさないためには、こうした国や企業のあり方を転換させて、人間の安全や環境の保全を重視した方向に科学・技術を発展させていく必要があるといえよう。

【アスベスト問題略年表】

1899 年　マレー、最初の石綿肺の報告

1924 年　クック、石綿肺の病理学的研究とアスベスト小体の発見

1930 年　ミアウェザー＆プライス、石綿肺の疫学的調査と工学的対策の検討

1931 年　イギリス、アスベスト産業規制

1935 年　リンチ＆スミス、最初のアスベスト肺がんの報告

　　　　ブルームフィールド＆ダラバレ、「工業粉塵の測定と対策」を発表

1938 年　アメリカ公衆衛生局、アスベスト粉塵の暫定閾値の設定（勧告値 500 万個／ft^3
　　　　≒30 本／cm^3）

1940 年　内務省保険院、アスベスト工場における石綿肺の発生状況に関する調査研究

　　　　ドイツ、アスベスト加工企業における粉塵の危険の撲滅のためのガイドライン

1943 年　ドイツ、アスベスト肺がんを職業病として認定

　　　　ヴェドラー、最初の中皮腫の報告

1947 年　石綿肺を職業病として指定

1955 年　ドール、アスベスト肺がんの疫学的研究

1957 年　労働省、「労働環境の改善とその技術 ―局所排気装置による―」を発表

1960 年　じん肺法

　　　　ワグナーら、非職業性曝露による中皮腫の報告

1964 年　建設省、耐火構造として「鉄骨等への石綿吹付けを用いた構造」を指定

　　　　ニューヨーク科学アカデミー、アスベストの生物学的影響に関する国際会議

1968 年　イギリス労働衛生協会、メンブランフィルター法による許容濃度の勧告（2 本
　　　　／cm^3）

1971 年　特定化学物質等障害予防規則（抑制濃度 2mg／m^3≒33 本／cm^3）

1972 年　ILO・WHO、アスベストの発がん性を確認

1975 年　吹き付けアスベストの一部禁止（含有率 5％超）、抑制濃度 5 本／cm^3

1983 年　アイスランド、アスベストの原則使用禁止

1986 年　ILO、石綿の使用における安全に関する条約の採択（クロシドライトの使用禁
　　　　止、吹き付け作業禁止）

　　　　横須賀米海軍空母ミッドウェイのアスベスト不法投棄事件

1987 年　学校パニック（校舎の吹き付けアスベスト問題）

1988 年　作業環境評価基準（管理濃度 2 本／cm^3）

1989 年　大気汚染防止法の改正（敷地境界基準 10 本／L）

1995 年　クロシドライト・アモサイトの原則使用禁止、吹き付け作業の原則禁止（含
　　　　有率 1％超）

2004 年　クリソタイルの原則使用禁止（代替品のある 10 種類のみ）、管理濃度 0.15 本
　　　　／cm^3

2005 年　クボタ・ショック

　　　　石綿障害予防規則

　　　　ILO アスベスト条約の批准

2006 年　　石綿健康被害救済法（弔慰金 280 万円）
　　　　　　大阪・泉南アスベスト国家賠償請求訴訟の提訴
　　　　　　アスベストの原則全面禁止（含有率 0.1％超）
2007 年　　兵庫・尼崎アスベスト損害賠償請求訴訟の提訴（国・クボタ）
2008 年　　首都圏建設アスベスト損害賠償請求訴訟の提訴（国・建材メーカー46 社）
2010 年　　大阪・泉南アスベスト国家賠償請求訴訟の原告勝訴判決（国の責任を断罪）

第Ⅱ部

情報通信技術の進展と現代産業社会

第6章　半導体技術の発展とグローバル競争

6.1　はじめに

　今日、半導体製品の応用範囲は極めて広く、コンピュータだけでなく、さまざまな家電製品、NC 工作機械や工業用機械、飛行機や自動車にも利用され、さらにはさまざまな種類の兵器にも応用されており、半導体技術の動向がその国の経済力や軍事力の動向を大きく左右するといっても過言ではない。それゆえに、先進国はいうに及ばず先進国への仲間入りをめざす国々にとっても、半導体技術の開発や半導体関連企業の育成は大きな関心事であり、国家的枠組みでの政府支援が行われてきている。

　本章では、半導体技術発展の経緯を紹介しながら、日本とアメリカの競争から、さらに韓国・台湾などの東アジア諸国を巻き込んだ国際的な競争へと展開したグローバルな文脈と、半導体産業の育成に国家プロジェクトが果たした役割に焦点を当てて、そこに見られる特徴について検討する。

6.2　半導体産業の始まり　─トランジスタの発明

　ベル電話研究所において、W.ブラッテン、W.ショックレー、および J.バーディンの3人が1947年にゲルマニウムを使ったトランジスタを発明した（**図 6.1**）。彼ら3人がトランジスタを発明するきっかけとなったのは、親会社である AT&T（旧社名 American Telephone & Telegraph）社が当時使っていた電話増幅器や自動交換機を改良する必要があり、それらの機械の中心部品となっていた真空管にとって代わるものを探していたときである。というのも、真空管は大きな消費電力を必要とするだけでなく、すぐに切れて機能しなくなるという耐久性の問題があったからである。

　とはいえ、最初の点接触型トランジスタはわずかな振動で機能しなくなるなど動作が不安定であった。だが、まもなく安定動作の接合型トランジスタがショックレーによって開発され、さまざまな分野への応用が考案さ

れた。

図 6.1 『electronics』誌 1984 年 9 月号の表紙
ショックレーが点接触型トランジスタを調節し、それをバーディンと
ブラッテンが見ている。

　こうしてトランジスタの開発はスタートしたが、当時 AT&T 社は反トラスト法違反容疑で司法省から訴えられている関係もあり、トランジスタに関する特許を独占しえる状況にはなく、欲しい者には誰にでも有償にて公開することにしていた。そうした事情もあって、以来、半導体に関する研究がアメリカ国内だけでなく世界中で盛んに行われるようになった。

　日本においてトランジスタ生産をいち早く軌道に乗せ、半導体産業を牽引したのは東京通信工業（後の SONY）である。同社の成功はトランジスタ・ラジオという最終製品の成功により消費市場を開拓しながら、その部品となるトランジスタの生産を軌道に乗せるという、日本の電機メーカーの模範となるものであった。

　東京通信工業は、1953 年に AT&T 社の子会社 WE（Western Electric）社と技術導入の仮契約を結んでいたが、これを本契約するには当時の通商産

業省（現在の経済産業省）を説得する必要があった。というのは、高度経済成長以前の日本では、国際支払手段としての外貨、すなわちドルの準備が少なく、外国為替及び外国貿易管理法（略称は外為法という）に基づいてドルの使用は制限されていたからである。このような外国企業からの技術導入には対価の支払いに外貨割当が必要であったが、同社が小規模メーカーであったこともあって、通産省は難色を示していた。東京通信工業は、翌年になってようやく同省から外貨割当の承認を得てWE社と本契約を結び、トランジスタに関する研究とトランジスタ・ラジオの開発の端緒を開くことができた。

やがて東京通信工業は、日本初のトランジスタ・ラジオTR-55（図6.2）を1955年に完成させ、これを小型化したTR-63をアメリカに輸出した。TR-63のアメリカ市場での売れ行きは好調だった。同社は1955年商標にSONYを採用し、これをブランドにした。そして、1958年には社名をソニー株式会社に改めた。

図6.2　ソニーのTR-55

こうしてSONYブランドは浸透することになったが、さらにその存在感を高めたのは、世界初のトランジスタ・テレビ受像機（1960年）の製品化であった。SONYの躍進に刺激を受け、日立、東芝、日本電気、松下など他の電機メーカーもトランジスタ・ラジオやトランジスタ・テレビの開発に資源を集中させ、アメリカ市場になだれ込んでいった。

このような日本の電機メーカーによるアメリカ市場への攻勢は、アメリ

カ内での戦後の好景気を受けた賃金上昇とあいまって、結果としてアメリカの電機メーカーの海外進出を加速させることになった。というのはアメリカ市場に日本製の安い白黒トランジスタ・テレビ受像機が溢れるようになると、アメリカのテレビ受像機メーカーはこれと競合する労働集約的な白黒トランジスタ・テレビ受像機の製造を韓国や台湾などに移転させる一方で、アメリカ国内は付加価値の高いカラーテレビの製造に限定するようになった。

　先進国のいわゆる多国籍企業が、発展途上国などに海外生産拠点を設けて、本国市場や第三国市場に向けた輸出代替としての域外生産を行うことをオフショア生産（Offshore Production）とよぶ。このようにして韓国や台湾はアメリカのテレビ受像機メーカーの重要な生産基地となった。なおこのことは、テレビ受像機に組み込まれる電子部品の調達問題とからんで、後に韓国や台湾の半導体産業を発展させるきっかけともなった。

6.3　宇宙開発およびミサイル開発と半導体技術の発展

　トランジスタは、ダイオードや抵抗、コンデンサーなどの多数の回路素子とともに 1 個の基板に組み込んだ超小型電子回路、すなわち集積回路（IC : Integrated circuit）の登場により飛躍的に発展した。この半導体によって構成される集積回路は、その後集積度を増すことで高機能化し、その情報の処理速度を急激に高めた。この IC を形づくる半導体技術の発展に最初に大きく貢献した企業がテキサス・インスツルメント（以下、TI）社とフェアチャイルド・セミコンダクター（以下、FCS）社である。

　TI 社は、もとは石油関連製品の製造企業に始まるが、同社は半導体というこの新事業分野に参入するにあたって、電気工学の専門家であったジャック・キルビーを雇い、その研究開発の責任者に据えた。彼は各電子部品の小型化では限界があることを知り、これらの電子部品を一つのシリコン・チップの上にまとめるアイデアを思いつき、最初の IC の試作実験に成功した（1958 年 9 月）。このときの配線は外側の端子を金線で繋ぐものであった。

　FCS 社はショックレー半導体研究所を退社した 7 人がフェアチャイルド・カメラ・インスツルメント社の出資を得て設立された企業である。リーダーのロバート・ノイスが中心となり、1961 年に IC のアイデアだけでなく、その量産化に必要な技術開発に成功した（**図 6.3**、**図 6.4**）。それはプレーナ処理技術とよばれ、シリコン基板を酸化膜で保護するとともに、これに酸化膜の窓を開けて表面下に素子を形成し、これにアルミニウムを真空蒸着させて配線するものである。

図 6.3　フェアチャイルド・セミコンダクター社が初めて集積回路を作った場所

図 6.4　フェアチャイルド・セミコンダクター社がここにあったことを示している

集積回路への民間需要がまだなかった時代にあっては、TI社やFCS社の IC関連の研究開発を支えたのは米空軍のミサイル開発プロジェクトや米 航空宇宙局（NASA : National Aeronautics and Space Administration）の宇宙 開発プロジェクトであった。

TI社は、1961年から64年にかけてミサイル（ミニットマン）誘導用IC の試作を行い、米空軍はICの大量注文だけでなく、数年間にわたって年 100万ドルの開発援助を与えたとされる。一方のFCS社に膨大な量のIC の発注を行ったのはNASAである。1957年に旧ソビエトが人類初の人工衛 星（スプートニク）の打ち上げに成功して以来、アメリカはNASAを設立 するとともに宇宙開発に膨大な資金と人材を投入していた。アメリカはソ ビエトに比べてロケット推進力が弱いために、人工衛星に搭載する電子機 器の軽量性がより強く求められ、ICに大きな期待がかけられていたのであ る。アポロ11号による、人類初の月面着陸（1969年7月）までに100万 個のICが使われたという。

もちろん、ICがコンピュータに導入されるようになってからは、民生用 電子産業によるIC需要が半導体技術の発展を牽引した。一例を上げるなら ば、1965年以降IBM社がつぎつぎと製品化したSystem 360シリーズはこ のIC技術を採用したものであった。ただし、初号機で使われたICは混成 ICで、今日の単一半導体からなる集積回路とはやや異なっていた。

6.4　国家的共同研究開発とグローバル競争

1971年、日本での激しい電卓競争を背景に、プログラム変更が容易な電 卓用演算回路向けLSI（Large scaled integration, 4ビットCPU 4004）が日本 のビジコン社とアメリカのインテル社によって共同開発された。それが最 初のマイクロプロセッサの誕生となり、さらにCPU 4004を進化させたイ ンテル製8ビットCPU 8080は初のコンピュータ・キット"アルテア"（MITS 社製）に応用され、その後のパーソナル・コンピュータ（パソコン）の時 代を切り開くきっかけとなった。また他方、インテル社は、DRAM（Dynamic Random Access Memory）とよばれる、データを記録する読み書き可能な一

種の半導体メモリを開発した。このメモリはデータを保持するには一定時間ごとにデータの再書き込みが必要であるが、コンピュータ用メイン・メモリの主流になった。1970年代、これらのマイクロプロセッサとDRAMが半導体需要を大きく牽引した。

　1980年代、日本の半導体メーカーは特にDRAMの開発に経営資源を集中させ、急激に国際市場での競争力を強めるようになった。その結果、日本の半導体メーカーはDRAMの分野ではアメリカの半導体メーカーの存亡を脅かすまでになり、アメリカの半導体メーカーからは相次いで反ダンピング訴訟が引き起こされ、またアメリカ政府による対日制裁も行われるなど、いわゆる日米半導体摩擦が激化した。この時期、アメリカ側は日本側に対する批判を強めただけでなく、なぜ日本のメーカーの競争力が急速に強くなったのかについて徹底的に日本研究を行い、その競争力強化の一つの要因をクローズアップさせた。それが、通産省と日本の主要なコンピュータ・メーカー（それらは同時に半導体メーカーでもあった）とが一致協力して取り組んだ、超LSI技術研究組合による共同研究活動の成功であった。

　この共同研究活動の成功は、政府と産業が協力する国家プロジェクトの成功モデルとして、韓国や台湾などの先進国入りを目指す国々の企業支援政策に大きな影響を与えただけでなく、アメリカの企業支援政策にも大きな影響を与えることになった。この項では、超LSI技術研究組合の結成へと至る歴史的な経緯とその背景を説明した上で、その超LSI技術研究組合の共同研究活動の特徴を示す。

（1）日本の電子技術を押し上げた技術研究組合

　さて、日本電信電話公社（現在の日本電信電話株式会社（NTT）の前身で1952年に公社として設立された特殊法人、以下、電電公社）は、使用する電気通信機器の大半を富士通や日本電気（現 NEC）、日立製作所、沖電気など特定の企業から調達した。そのおかげで、これらの企業は電電公社に半ば独占的に機器を納めることで売り上げを伸ばし急成長し、電電公社が NTT となった後もその関係は恒常化し、そのファミリー企業とよばれ

た。そして、これらの企業は軽電機・重電機メーカーとしてのみならず、半導体やコンピュータのメーカーとしても成長していった。

このような成長への軌跡の一歩は次のような「技術研究組合」から始まった。というのは、当時大型コンピュータといえば IBM 社製が定評を得ていて、これに対抗できる国産の大型コンピュータはなかった。大型コンピュータの開発資金として政府支援が求められたが、当時の補助金制度では 1 社に対して多額の補助金を交付することはできなかった。とはいえ、高度経済成長後には輸入自由化が日程にのぼっていた。そこで、通産省は、富士通、沖電気、日本電気の 3 社を説得して「鉱工業技術研究組合法」(1961 年施行)に基づいて「電子計算機技術研究組合」を 1962 年 9 月に設立させ、これに 3 年間で 3 億 5 千万円の補助金を交付した。これが国産コンピュータの開発を目的とした FONTAC (Fujitsu Oki Nippondenki Triple Allied Computer) プロジェクトである。ちなみに、これは複数の大企業が参加する「技術研究組合」への大型補助金交付の始まりであった。

「超 LSI 技術研究組合」が設立されたのは 1976 年のことであるが、その設立のきっかけは IBM 社が 1970 年代初めに構想した Future System プロジェクトである。この構想は System370 に代わる新しいコンピュータ・システムを開発するもので、このプロジェクトの中に次世代プロセッサ用超 LSI の開発も含まれていたのである。これに通産省と日本のコンピュータ・メーカーが危機感をもったことに由来する。

通産省が指導して国産コンピュータ・メーカー5 社を 2 グループに組織し、富士通・日立製作所・三菱電機の共同研究組織としてコンピュータ総合研究所と、日本電気・東芝の共同研究組織として日電東芝情報システムが設立された。これらに加えて参加 5 社からそれぞれ平均 20 名の出向研究員と通産省電気総合研究所からの出向研究員をメンバーとする共同研究所が設けられた。

これらの共同研究所において、通常なら熾烈なライバル関係にある同業者から出向した研究員による共同研究が 4 年間にわたって行われた。この間、700 億円が投入された。

　超 LSI 技術研究組合の共同研究の目的は、各社に共通する、かつ将来において役に立つ基礎的領域を研究することにあった。5 社から派遣された研究員たちは日本の半導体製造装置メーカーの協力を得て、目に見える具体的な成果を上げた。その一つが LSI の微細加工を行う製造装置の開発で、半導体に回路を投影露光することによって焼き付けるステッパー（縮小投影露光装置）や電子ビーム描画装置など、微細加工の中核となる画期的な技術を開発した。これまではアメリカなどの技術に依存していたが、これにより製造装置の 70％を国産化し、日本の半導体製造装置メーカーの国際市場での躍進の大きな礎となった。

（2）アメリカの共同研究開発コンソーシアム：セマテック

　日米半導体摩擦が激化した 1980 年代、アメリカの半導体業界と連邦政府は、日本の半導体業界と政府の取り組みに対する批判を強めた。その結果、日本製品へのダンピング提訴、日米半導体協定の締結やその後の対日制裁など、アメリカ優位を維持するための措置がとられただけでなく、アメリカ半導体メーカーの競争力強化のために、以下のような産官学の連携を促進する一連の重要な制度整備が図られた。

　その一つが、大学の研究成果の移転を促進することを目的とした、よく知られたバイ・ドール法（Bayh-Dole Act：1980 制定）である。また、同年制定のスティーブンソン・ワイドラー技術革新法（Stevenson-Wydller Technology Innovation Act）がある。これは国立研究所から民間企業への技術移転を促進することを目的としたものである。また同年に制定された University and Small Business Patent Procedures Act は、連邦政府資金によって得られた研究開発成果を大学等の知的財産権として認めるもので、産業界と大学・国立研究所の連携を促進する法制度である。さらに 1984 年には National Cooperative Research Act（国家共同研究法）が制定され、大企業間での共同研究開発や共同ベンチャーの設立には反トラスト法が適用されないこととなり、研究開発の規制緩和が図られた。

　これらの法的な条件整備の後、国防総省国防科学委員会・作業部会によ

って 1987 年 2 月に公表された報告書「国防用半導体の国外依存性」の提言
を受ける形で（この報告書の内容は既に前年には半導体業界に知らされて
いた）、アメリカの主要な半導体メーカー14 社が参加して翌月に半導体製
造技術の研究開発コンソーシアムとしてセマテック（SEMATECH ：
SEmiconductor MAnufacturing TECHnology institute）が結成された。

　連邦政府は、セマテックの会員企業が相応の負担（売上げの 1%）に応
じることを条件に、年 1 億ドルの予算を承認した。セマテックの拠点施設
はカリフォルニア州シリコンバレー地域ではなく、後にクラスター戦略と
いう用語と結び付けられて新たな脚光を浴びることになるテキサス州オー
スチン市に設立された。このオースチン市は、セマテックより前に、1982
年 に 設 立 さ れ た MCC （Microelectronics and Computer Technology
Corporation）とよばれる、コンピュータ・メーカーによる最初の共同研究
開発コンソーシアムの誘致にも成功していたが、同市とテキサス州の地方
行政府はセマテックの誘致にあたっても財政的支援を約束したのだった。

　ちなみに、オースチン市は、世界のパソコン市場でトップ・シェアを争
うデル社のお膝元でもある。デル社（本社所在地は市近郊のラウンドロッ
ク）は、テキサス大学オースチン校の学生であったマイケル・デルによる
もので、彼は 1984 年に PC's Limited 社を創業し、同社の社名を 1988 年に
デル・コンピュータ社に、2003 年に現在の社名に変更した。

　なお、前記のクラスター戦略のクラスターとは、葡萄など果物の房
（cluster）のことで、競争戦略論のマイケル・E・ポーターによってハイテ
ク産業集積を創り出す地域政策の理論的概念としてクラスターという用語
が使われ、世界中でクラスター戦略、または産業クラスター戦略が盛んに
議論されるようになった。これらの議論では特に産官学ネットワークの果
たす役割が重視され、オースチン市はその成功事例の代表例ともいわれる。

　さて、国防総省からセマテックに参加したのは、DARPA（Defense
Advanced Research Projects Agency ：国防高等研究計画局、時に Defense が
省かれて ARPA とも表記される）である。この DARPA は国防総省を代表
して国防総省と連邦議会との間を仲介し、予算執行にからんでセマテック

の方向性に大きな影響を与えた。DARPA は軍事機関としての顔を持ちつつ
も、実際の具体的場面で果たした役割は当時の日本の通産省と似たような
ものであった。

　DARPA がそのような役割を果たすようになった背景には、国防総省の
Dual-Use（軍民両用技術）政策がある。すなわち、一方でアメリカの膨大
な財政赤字が国防予算の縮小傾向をもたらし、他方で民生用技術の発展が
逆に民生用から軍事用への転用の可能性や具体的事例が増えてきたことか
ら、国防総省は軍事用途への逆転用の可能性の高い民生用技術分野への資
金的援助を重視するようになった。その点では、セマテックより以前に実
施された国防総省関連の国家プロジェクト、すなわち国防総省国防長官局
が 1979 年に発案し、1980 年から 1988 年まで実施された VHSIC（超高速集
積回路）計画において、既に半導体・コンピュータ産業は軍事予算の支援
を受けていた。

　セマテックは半導体製造技術の改善を第一目標とし、当初は最新式の半
導体製造装置を導入した工場を建設し、これを必要に応じて順次改良する
ことで、会員企業の半導体メーカーに効率的な製造方式の模範を示すこと
にしていた。だが、やがて半導体製造装置や材料の研究開発に重点を移す
ようになり、半導体製造装置メーカーや材料業者との研究開発契約に向け
られるようになった。

　そして、セマテックは研究開発期間をひとまず 5 年と設定し、0.8 ミク
ロンの線幅の回路製造技術の開発をめざすフェーズⅠ、0.5 ミクロンの線
幅をめざすフェーズⅡ、そして 0.35 ミクロンの線幅をめざすフェーズⅢの
3 段階に分けて取り組んだ。

　セマテックでの研究開発活動の結果、特に微細加工関連で製造技術を飛
躍的に向上させたアメリカの半導体メーカーは、世界市場における競争力
を再び復活させ、日米半導体協定も更新されずに自然消滅した。また、セ
マテックは、日本における超 LSI 技術研究組合の経験と同様に、アメリカ
における半導体製造装置メーカー・材料業者の競争力強化、およびそれら
のメーカー・業者と半導体メーカーとの密接な協力関係を打ち立てるとい

う、大きな副産物も生み出した。

　しかし、セマテックの最大の成果は何といっても次の点にあろう。すなわち、その設立は、連邦政府から民間企業主導の共同研究開発コンソーシアムに資金援助が行われる道を切り開き、産学官共同を発展させる契機となったことである。たとえば、アメリカには数多くの産学共同研究センター（IUCRC : Industry-University Cooperative Research Centers）が存在するが、セマテック設立以後、連邦政府や州政府から積極的に資金援助がなされるようになったことだ。

　そしてセマテックは、アメリカの半導体産業が国際競争力を復活させたとき、連邦政府からの資金援助を返上して国家プロジェクトとしての役割を終え（1996 年）、半導体製造技術に関する国際的共同研究コンソーシアムのセマテックに生まれ変わり、日本企業を含む外国企業の参加も受け入れるようになった。

（3）韓国 DRAM メーカーの台頭と発展

　DRAM 製造において韓国企業が台頭しえたのには、日米半導体産業の過剰ともいえる競合が幸いしたともいえる。いうならば 1980 年代初め、日本の半導体メーカーはパソコンや電卓、VTR・ファクシミリ用のみならず、アメリカ向けの大型汎用コンピュータやミニコン用のDRAM製造の量産体制を整え、アメリカ市場を席巻した。その結果、アメリカのメーカーは相次いで DRAM 市場から撤退した。それは先に触れたように、やがて日米半導体摩擦を引き起こし、日米半導体協定の締結へと展開した。日本の半導体メーカーはその協定により自社製半導体製品に高価格を強制されて世界市場での価格競争力を失う一方であり、その間隙を割って頭角を現したのが韓国の半導体メーカーであった。

　さて、韓国半導体産業の出立は外資の導入から始まった。1965 年に米コミー社との合弁によって高美半導体（株）が設立された。そして、韓国政府も翌年に外資導入法を制定し、外資系企業の誘致を積極的に推し進める方策を採用した。それ以降、フェアチャイルド・コリア（1966 年）、韓国

シグネテックス（1966年）、モトローラ・コリア（1967年）などアメリカ系半導体企業が次々と設立された。これらの企業は外国資本によるオフショア生産、すなわちこの場合はアメリカ資本によるアメリカ・第三国市場向けの域外生産の基地となった。そして、こうした動きに触発されて民族系半導体企業が登場した。それが亜南産業と金星電子（後のLG半導体）で、両社は1970年にトランジスタの組立・パッケージ事業に参入した。

　韓国政府はさらに外資導入法の目標を達成すべく、1971年にはアメリカ企業や日本企業による韓国への直接投資や設立された合弁企業の国内販売も認めることにした。また、政府は輸出自由地域設置法による外資誘致の一環として「馬山輸出自由地域」を設置し、外資企業に対してさまざまな優遇措置を与えた。

　こうして韓国の半導体産業は、財閥系半導体メーカーが中心となり、DRAM生産において急成長を遂げた。けれども韓国政府は当初DRAM生産への参入に対し悲観的であった。しかしサムスン・グループがDRAM生産への参入を決行し、さらに現代グループやLGグループも後に続いた。こうした事態を迎えて、韓国政府はこれらの企業を積極的に支援する方向に転換した。

　DRAM製品はその集積度が増すにつれて、必要とされる研究開発費も鰻登りに上昇するという特徴を持つ。韓国の半導体メーカーは、この膨大な研究開発費負担に加え、ほとんど全ての半導体製造装置をアメリカや日本からの輸入に依存しなければならなかった。当該メーカーはこれらの出費をまかなう一方でコスト削減も行わなければならず、個々の半導体メーカーが単独でキャッチアップを目指したのではあまりに資金負担とリスクが大きかった。そこで、官民一体となった共同研究開発を行う国家プロジェクトが組織されたのだった。

　4M DRAM共同研究開発プロジェクトは1986年10月から1989年3月にかけて、研究開発費負担：政府500億ウォン、民間379億ウォンで、続く16M/64M DRAM共同研究開発プロジェクトは1989年4月から1993年3月にかけて、その費用負担：政府750億ウォン、民間1150億ウォンで、さ

らに256M DRAM共同研究開発プロジェクトは1993年11月から1997年11月にかけて、費用負担：政府914億ウォン、民間1040億ウォンで、それぞれ実施された。それらは産官学による共同研究開発であるが、明らかにサムスン電子、現代電子、金星電子（後のLG半導体）の財閥系3社のみを支援するものであった。

　先に触れたように、日本の半導体メーカーはDRAM製品に対しての輸出価格の監視措置により、高価格維持を強制され価格競争力を失っていった。これとは対照的に、韓国半導体メーカーは産業界と政府、国立研究所、大学との密接な連携を基盤にして生み出された共同研究開発の成果を活かして、一気に競争力を高めた。そして、日本のDRAMメーカーを追い抜いたのであった。

　今日のDRAM世界市場は、韓国DRAMメーカーのサムスン電子とハイニックス（1999年に現代電子がLG半導体を吸収合併し、2001年に現在の社名となる）が二強として君臨し、それを日本のエルピーダメモリ社（1999年設立、2000年に現在の社名となる）が追いかけている。エルピーダメモリ社は、日立製作所、NEC、三菱電機の3社のDRAM事業を受け継ぐDRAM専業のこれらの統合メーカーである。

　DRAM市場は、市場価格変動が大きい一方で、製造規模の拡大すなわち量産効果による価格競争力が競争優位の要因となっており、ますます大型投資が求められている。このような状況を受けて、各メーカーはDRAMメーカー同士の経営統合や連携強化に生き残り策を見出している。エルピーダメモリ社は、サムスン電子に対抗すべく、台湾DRAM企業との統合もしくは連携強化を図っている。サムスン電子もハイニックスとの統合を考えているといわれる。

（4）台湾における半導体産業の展開とファンドリー企業の躍進

　さて、台湾の半導体産業はどうだったのか。端的にいえば、韓国の場合と同様に主にアメリカ半導体メーカーのオフショア生産基地として出発し、そこを起点にやがて自立発展の道へと歩みだした。

　その展開は 1970 年代に始まる。当時アメリカ最大手のテレビ受像機メーカーであった RCA 社は、日本メーカーの対米輸出攻勢に苦しめられていた。その窮地を RCA 社は、同社の部品メーカー GI（General Instruments）社が進出していた台湾に活路を求めた。この RCA 社がテレビ受像機生産との兼ね合いで台湾に IC 生産用の技術を提供したことが契機となって、台湾の企業は半導体前工程市場へ参入の足がかりを得たのである。

　1973 年 7 月には、韓国の「科学技術院」を参考に、100 万元を基金に国立の研究組織として工業技術研究院（以下、ITRI）が設立された。この研究院設立の目的には科学技術研究を促進するだけでなく、高待遇のポストを設けることによりアメリカなど海外で活躍する台湾出身の科学者・技術者を母国に呼び戻すという狙いもあった。

　1974 年、前述の ITRI の 1 部門として電子工業研究発展センター（1979 年に電子工業研究所 ERSO：Electronics Research and Service Organization に改称）が設立された。1980 年にはこの ERSO に所属する科学者・技術者が聯華電子（UMC）というベンチャー企業を設立した。既存の企業や組織から独立する形で新しい企業や組織を派生的に生み出すことを経営分野でのスピンオフ（spin-off：副産物）というが、これはその典型的事例ともいえる。その後、この UMC の成功事例が刺激となって、ERSO からたくさんの半導体メーカーが誕生した。

　さらに台湾の半導体業界を飛躍的に押し上げたのが、1980 年 12 月の新竹科学工業園区（面積約 600ha）の開設である。この科学工業園区は 1979 年 7 月に公布された科学工業園区管理条例に基づくもので、その設立目的は研究開発能力を含むハイテク産業を育成するためのインフラ整備にあったが、それと同時に、海外の特にアメリカの大学で高度な教育を受けた台湾出身の科学者・技術者を呼び戻し、その活躍の場を与えることにあった。

　その地域が選ばれた理由は、近くに台湾の二つの優秀な工学系国立大学、すなわち国立交通大学と国立清華大学、ならびに ITRI 管轄の国立研究所と国家科学委員会管轄の国立研究所があったからである。なお、入居企業には入居後 5 年間の法人税免除、加えて研究開発費や人材開発費、工場自動

化のための設備費用に対する低金利融資と税額控除、輸入資材や機材に対する関税免除などのさまざまな優遇措置がとられた。

　新竹科学工業園区は国家プロジェクトとして創出されたが、その最大の成功要因は、何といってもシリコンバレー地域で活躍していた台湾出身の技術者や、近隣の大学で高度な教育を受けた台湾出身の卒業生を引き寄せたことにある。彼ら帰還者たちの貢献は、新しいハイテク分野で研究開発を担う優秀な人材として活躍しただけではない。彼らはシリコンバレー地域の技術者コミュニティとのつながりを活かして、たえず海外の最先端の科学・技術情報を台湾に取り込む役割を果たしたのである。

　以上、台湾企業の半導体産業への参入とハイテク化の道を実現してきたことについて見てきたが、台湾に新しい事業形態ファンドリー企業が生まれたことについて触れておきたい。その企業化は、1985 年当時 ITRI 院長の地位にあった張忠謀のアイデアによる。

　張忠謀は、多くの中小企業経営者から工場建設費が安価な小規模半導体工場を持ちたいという強い要望と、また彼らが政府助成を求めていることを知るや、大規模な半導体製造設備を造って、それを中小企業が共同利用するという構想を提案した。それは、自社独自の製品を持たず、顧客に対して純粋に受託加工生産のみを行うファンドリー（foundry）企業といわれるようになったものであるが、この構想は 1987 年台湾積体電路製造公司（TSMC）として実現した。TSMC の成功をきっかけに（**表 6.1**）、前述の UMC も TSMC と並ぶ代表的なファンドリー企業となり、さらにつぎつぎと新たなファンドリー企業も誕生した。

表 6.1　TSMC の業績推移

（単位：US$百万）

年度	1992	1993	1994	1995	1996
売上高	258	468	732	1,085	1,434
純利益率(%)	17	34	43	52	49

出典：四季報（工商時報、1997 年春号）

　このファンドリー企業の誕生は、もう一つの新しい事業形態を誕生させた。それがファブレス（fabless）とよばれるもので、たとえば半導体企業ならば自らは回路設計だけに専念し、製造工場を持たない事業形態である。このファンドリーとファブレスの分業化は、世界の半導体業界に新しい企業関係をもたらすことになった（**表 6.2**）。

表 6.2　台湾ファンドリー企業の発注元

（単位：%）

年度	地域別			
	国内	北米	ヨーロッパ	その他
1992	48.0	45.0	7.0	0.0
1993	447	47.6	7.4	0.3
1994	30.5	55.1	5.1	9.3
1995	36.6	55.5	4.0	3.9
1996	40.7	42.8	11.7	4.8

出典：青山（参考文献）

　こうして台湾の半導体産業は、アメリカや日本のファブレス企業、あるいは生産をアウトソーシングしたい家電メーカーから、積極的に受託加工生産を請け負うことにより急成長したのである。

6.5　おわりに

　半導体製品の応用範囲は、コンピュータ、さまざまな家電製品、NC 工作機械や工業用機械、飛行機や自動車、そしてさまざまな種類の兵器など、極めて広範である。時に「産業のコメ」とも評されるが、その国の半導体業界の動向がその国の経済発展や国家安全保障を左右する。過度の国家的支援は、国家間の経済摩擦や政治摩擦をいつ再燃させてもおかしくない状況にあるが、先進国だけでなく先進国への仲間入りをめざす国々の政府も、半導体関連企業の育成を図り、膨大な国家資金を投入した国家プロジェクトを組織してきているのである。

　大型化や三次元対応化を押し進めるデジタルテレビ受像機をはじめ、高

機能化や多機能化を進めるデジタル情報家電の流れは、世界の半導体メーカーにとって大きなビジネス・チャンスをもたらしている。こうした状況を迎えて、半導体業界は新たな半導体製品に要する研究開発費や製造費を飛躍的に増大させ、失敗による存亡の危険性をも高めている。つまり、それらのデジタル製品の生産規模はかつてのアナログ製品の時代をはるかに超える規模のものになっており、それゆえに多くの半導体メーカーは生き残りをかけ、国際的な資本提携や技術提携、半導体メーカー同士の経営統合の動きをますます強めるようになっている。台湾の半導体メーカーを起点とするファンドリーとファブレスの国際的な分業、すなわち半導体製品の回路設計と製造の国際的な分業は、大規模化・競合化を強める半導体市場の象徴的存在といえよう。

第7章　工作機械技術の発達と生産の自動化

7.1　はじめに

　機械の構成部分としての作業機、そして動力機および両者をつなぐ伝導機がつくられ、機械によるものづくりが支配的となっていくのは産業革命期以降である。やがてさまざまな機能をもつ専用機が開発されて、これらが協業することで機械の連鎖体系が出現した。

　このような機械化を新しい段階へと推し進めたのは、20世紀半ばに発明されたコンピュータなどのエレクトロニクス技術に他ならない。これを内蔵したNC工作機械やマシニングセンター、さらには産業用ロボットが開発され、そしてこれらの工作機械をはじめとして自動制御機能を備えた搬送システム・自動倉庫、開発・製造支援システムが連携することで、生産の自動化へと展開した。

　本章では、こうした生産の自動化が、もちろんその自動化は道半ばともいえるが、どのように実現されてきたのか、その歴史過程をたどりつつ、どのような技術的原理を結節点として今日に至ったのかを考える。

7.2　ものづくりの機械化とその自動化の始まり

　技術の発達を大きく捉えれば、道具・容器から機械・装置へと展開し、産業革命を機にものづくりは手工業から機械制大工業へと転換した。この機械化への総体的な移行は、イギリスの産業革命が示すように綿工業からはじまった。なぜ、綿工業という繊維産業に始まったのか、それは繊維は柔軟で均質かつ一定の強度を持つ材質であったために、発展途上段階にあった機械紡績でも対処しやすかったからである。

　さて、最初に機械化された工程は、綿工業の綿糸の紡績工程のうちで最も大量の労働力を要する。つまりは、人件費を最も節減できる精紡工程から始まった。この精紡工程を担ったジェニー機やミュール機は、熟練を要

する半自動機械であったが、まもなく自動化された紡績機械がつくられた。その動力源としては水車が利用され、次第に蒸気機関が多用されるようになった。さらに綿紡績の他の工程、すなわち混打綿、梳綿、粗紡などの工程もその量産効果が認められて機械化された。これらの専用機による各工程の機械化は、道具による手作業に代わる機械の連鎖体系をつくりだした。

　こうして始まった産業革命期の技術の近代化は、機械製造業のみならず酸・アルカリの化学工業などの装置産業にも波及した。ただし、これらの初期の機械は確かな精密加工を実現したが、部品の規格化や作動の自動化という点では原初的なものであった。そのためにこれらの機械の操作には依然として手作業で補完しなくてはならなかった。すなわち、準備作業や工程間の仕掛品の移送はもちろんのこと、トラブル時の対処などは、ただちには自動化に至らなかった。

　このような機械化をもう一段押し上げたのは、19世紀から20世紀にかけてアメリカで発展した互換性生産方式である。すなわち汎用性のある工作機械（ジョブ・マシーン）から専用化された各種の生産機械（プロダクション・マシーン）が生み出され、専用化された生産機械の連鎖体系が出現するとともに、これに補助具ジグと精密測定器具を用いることで、精密加工による部品の標準化とその量産化を実現した。

　その後、テーラーによって作業工程の科学的管理、すなわち作業の動作・時間分析に基づいた作業の標準化が提唱された。これによって各生産工程の同期化（連続化）・効率化が進められ、加えて電動機と連動した工作機械ならびにベルトコンベアによる搬送方式が導入されて、分業化・機械化・互換性生産を技術的内容とする大量生産方式が成立した。この代表的事例がフォードシステムである。こうして精密機械加工は確実性と生産性を向上させた。だがこの技術進歩は、労働者の労働時間の軽減ではなしに労働強化という経営者の意向を実現させるものとして立ち現れた（**図 7.1**）。

　さて自動車の生産工程についていえば、車体プレス工程と塗装工程の後に、各種部品を組み付けるメイン・アセンブリラインと、エンジン・ブロックやドア等を製造するサブ・アセンブリラインとで構成される。それら

の生産工程は機械化されてもいたが、依然として多くの手作業を必要とした。

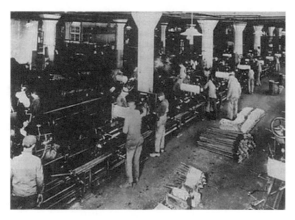

図 7.1　フォードシステム

　こうした段階にあった機械化を自動化の方向に進めたものが、トランスファー・マシンである。これは前述のテーラーシステムやフォードシステムに見られる流れ作業の作業管理と、専用工作機械の導入などの生産技術と生産管理を礎に生み出された。各工程（ステーション）に定められた切削加工を行う各種の自動専用機をすえ、それへの部材の自動着脱（ローディング・アンローディング）ならびに各ステーションをつなぐコンベアでの自動搬送（トランスファー）、切り屑処理によって、切削加工を一定時間ごとに順次進める自動化ラインを一応実現した。しかしながらトラブル対応などのフォローアップ・システムはなく、また製造加工できるものはエンジン・ブロックなどの定形化されたもので、フレキシブル性は乏しかった。

7.3　自動制御とコンピュータを内蔵した工作機械の開発

（1）シーケンス制御とフィードバック制御

　20 世紀には自動制御も発展した。シーケンス制御とよばれる、あらかじ

め定められた順序に従って作業動作を制御するものがある。これは各作業動作の完了を検出するセンサーと、これと連携した次の作業動作を指令する論理判断を行う論理装置とからなっている。この論理装置は当初電気的なリレー回路で構成されていたが、やがてプログラムで改編しうるコンピュータに代わった。

　これとは別にフィードバック制御とよばれる、追値制御では制御量の目標値とのズレを検出して一致するように自動で作動するものがある。その一つが、位置や角度、方位、姿勢などの幾何学的状態の制御量を目標値に追従するように自動で作動するサーボ機構である。たとえば、機械的メカニズムのものとしては風車や蒸気機関の調速機が早くに出現しているが、コンピュータを用いたものとしては高射砲の追尾照準装置がある。これはレーダーなどの通信技術によって飛行物体を捕捉し、その情報をコンピュータで処理し、高射砲の照準装置と連携するものである。これは第二次世界大戦後、航空機や船舶の自動操縦装置として利用された。もう一つのフィードバック制御は、温度や圧力、流量、組成、濃度などの制御量の状態をセンサーで読み取り、装置を自動操作するプロセス制御である。これは装置技術を核とする化学プラントや電力プラントなどで展開されている（図 7.2）。

図 7.2　JOMO（株）ジャパンエナジー水島精油所

　このように自動制御には、前述のような輸送機器の自動操縦、ないしは金属などの原材料を切削加工する機械製造の自動化の道筋と、プラントなどの液体や気体、粉体の原材料からの合成・抽出を行う装置産業における自動化の道筋とがある。

（2）コンピュータの発達と工作機械の自動制御

　これらの自動制御は 20 世紀後半、コンピュータの登場によって新しい段階を迎える。コンピュータによる制御は、これまで難しかった生産工程の機械の自動化、あるいは自動化を部分的なものに押しとどめていたものを押し上げた。1950 年代にはオートマティック・コントロールという言葉が雑誌のタイトルに掲げられもした。

　さて、戦時中から戦後にかけて開発されたコンピュータは、電話で用いられていたリレー約 3000 個を用いた、重さ 5 トンの電気機械式のハーバード・MARK-1（1944 年）や、約 2 万本の真空管を用いた、重さ 130 トンの陸軍弾道研究所との契約による ENIAC（1946 年完成）などであった。これらのコンピュータは当時にあっては画期的なもので、アメリカの海軍兵器局での弾道計算や原子爆弾の特性研究等の軍事目的に使用された。ただしその処理速度は、今日のパーソナル・コンピュータの能力にも及ばなかった（前章参照）。

　工作機械技術は、コンピュータと連携することで数値制御（NC：Numerical Control）を取り込み、汎用性を維持しつつ自動化を進め、再び工作機械のジョブ・マシーンからプロダクション・マシーンへの転化を進行させた。既存の工作機械の最初の電子制御による数値制御の試みは、1947 年のジグ中ぐり盤、続く 1952 年の NC フライス盤であった。

　そして、真空管からトランジスタへの転換に伴い、コンピュータによる自動制御は、1950 年代末には金属体の切削加工を自動的にこなすようになった。NC 工作機械のみならず、自動工具交換装置 ATC で複数の工具を自動的に取り替えて、フライス盤やボール盤などの機能も有するマシニングセンターも開発された。これに続く 1960 年代後半以降での IC（集積回路）

の採用は、複雑な作動をより高精度に行う制御機能を有する、本格的なさ
まざまな NC 工作機械やマシニングセンターを具現化した。なお、マシニ
ングセンターには縦付き工具の縦型と横付き工具の横型がある。後者は、
精度や着脱の点で縦型に劣るものの多面同時加工が可能である。

　これらの小型コンピュータを内蔵した自動工作機械は、加工指令をメモ
リに記憶させるプログラミングと、部品素材・加工部品の搬送・着脱すな
わちマテハン（Materials Handling）工程とを行った後に、工作機械本体の
駆動系すなわち油圧装置と駆動モーターを作動させて切削加工を行う。も
しこれらの工程の前工程・後工程すなわちプログラミングとマテハン、加
えて切削工具などの自動破損時対応（フォローアップシステム）の自動化
が実現できれば、これらの自動工作機械の長時間無人運転による工場全体
の自動化の前提ができる。

　ところで自動工作機械技術は、技術の分類構成からいえば、脈管系の装
置技術ではなく、神経系統をあわせもつ筋骨系の機械技術に相当する、基
本的にこれまでの工作機械技術の延長線上にある。これらの機械を構成し
ている技術要素は、切削加工・塗装などを行う作業部や電動モーター・バ
ッテリー、その他の駆動関連技術で構成される動力部や伝導部、マイクロ・
コンピュータやセンサー技術・通信技術で構成される制御部、ならびに全
体を構造づけるシステム化技術やこれらの部材となる材料技術など、きわ
めて広範囲で多様な技術の融合、連携によるものである。

（3）産業用ロボットの開発

　また、電子的に制御されたマニピュレーター、すなわち産業用ロボット
も開発された。そのアイデアは 1954 年にアメリカで構想され、最初のロボ
ットが 1959 年に試作された。1960 年代初めには Unimation 社製の商品名「ユ
ニメート」や AMF 社製の円筒座標型の「バーサトラン」などの実用機が
登場した。

　日本では、川崎重工が Unimation 社との技術提携により「川崎ユニメー
ト 2000」を製作した（1969 年）。1970 年代になるとファナック、富士電機、

安川電機などが円筒座標型や多関節型ロボットの実用機を開発し、産業用ロボットの製造が本格化した。

　先に自動工作機械の技術構成について紹介したが、産業用ロボットのセンサー、知能・制御系、駆動系の構成要素は、NC 工作機械などの技術そのものの構成とおおよそ類似している。違いは制御と動作の精度と運動形態にある。

　NC 工作機械は、多くの場合定型化されたプログラム制御で、産業用ロボットに比して精度の一際高い動作が可能である。またその作業空間は「内向的」で当該機械の内部に収まっている。これに対して産業用ロボットは、ティーチング・プレイバックにより必要とされる動作を教えこんだりして作動させるもので、また条件判断命令、すなわち条件に合致しているかを状況判断した上で次の動作を決めるメカニズムを備えることで、より柔軟な自立制御による動作を可能としている。またそのマニピュレーション（操作）機能を外部の作業空間に広げており「外向的」である（**図 7.3**）。

図 7.3　川崎重工製の溶接・産業用ロボット

7.4　生産の自動化の進展

　ドルショック・オイルショックに象徴される世界同時不況の 1970 年代以降、日本の製造業は「マイクロエレクトロニクス (ME) 技術革新」を進め、これらの自動化された産業機械を工場に導入することで競争優位を築いた。

　次に、NC 工作機械の普及について示す。1973 年の NC 化率は日本 1.3：アメリカ 1.1、1978 年／5.4：2.2、1983 年／18.8：4.2、1989 年／32.6：5.8で、NC 誕生の地アメリカに比して右肩上がりの大差をつけている。また産業用ロボット稼働台数の普及状況も日本は群を抜いている。1980 年末で日本 14,250 台、アメリカ 4,700 台、西ドイツ 1255 台で、1988 年末のそれは日本 175,000 台、アメリカ 33,000 台、西ドイツ 17,700 台である。なお、参考に主要国の工作機械の生産高の金額ベース・シェア（1989 年）を付記しておこう。日本 25%、西ドイツ 15%、旧ソビエト 13%、アメリカ 7%、イタリア 7%、スイス 6% である。工作機械はその国の技術水準を示すともいわれるが、そこでも大きなシェアを有していたのである（**図 7.4**）。

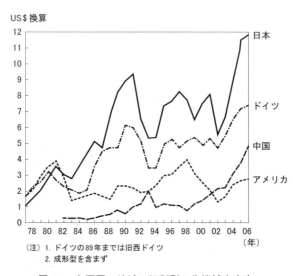

図 7.4　主要国・地域の切削型工作機械生産高

出典：『日本の工作機械産業 2007』資料「Metal Working Insiders' Report（2007 年 2 月）」、Gardner Publications, Inc.

　日本の関連企業は、この時期にこうした特性をもつ機械製造業の生産の自動化を進めて効率化し、生産性を上げたのである。いうならば、自動車や家電製品などの機械組立産業は、素材産業に比すればエネルギー消費は少なく、前述したオイルショックに象徴される原油高騰の影響は小さかった。しかしながら物価高騰に伴う機械製造業の人件費負担は大きかった。つまり、機械製造業は部品加工・組立の生産工程で意外と労働集約型産業なのである。これを合理化するために生産の自動化、省力化を推し進めたのだった。

　その効果はどのようなものなのか。たとえば、自動車産業に導入された溶接ロボットは、1 台で労働者 0.75 人分の作業量しかできないが、それを昼夜休みなく稼働させれば 1.5 人分の作業量をこなし、これを導入すれば、昼夜 2 交替 300 人ずつ計 600 人の労働者の仕事をロボット 400 台でまかなうことができる。1980 年前後の NC 工作機械の相対的価格（常用労働者 1 人の平均年間給与で除した数値）は 4 倍程度であるから、3 年稼働できれば十分に原価償却できることになる（**図 7.5**）。

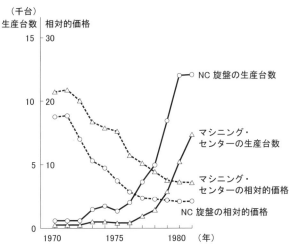

（注）相対的価格とは、1 台当たり生産金額を製造業（雇用 30 人以上）
　　　常用労働者の 1 人平均年間現金給与額で除した数値である。

図 7.5　NC 工作機械の相対的価格低下と生産の伸び

出典：「科学技術白書」(1983 年版)資料通商産業省「機械統計年報」、労働省「労働統計年報」

　製鉄業などでも類似した展開があった。1980 年代半ばまでには、連続鋳
造機を含むコンピュータ制御の導入により、改造前の 1960 年代に比して生
産量は 2.5 倍に達する一方で、要員数は 5 分の 1 に減じ、生産性を高めた
という。

　こうして ME 技術革新は、日本製品の国際市場競争力を高め、輸出生産
を引続き可能にし、企業経営を安定成長へと押し上げた。

　今日では、こうした自動工作機械のみならず、FA（Factory Automation）
とか CIM（Computer Integrated Manufacturing）とかよばれるものが展開さ
れている。前者の FA は工場の自動化のことで、コンピュータ制御によっ
て NC 工作機械や産業用ロボット、自動搬送システム、自動倉庫などを有
機的に結合して集中管理するシステム FMS (Flexible Manufacturing System)
に加えて、CAD (Computer Aided Design) や CAM (Computer Aided Manufacturing)
などのコンピュータ支援設計やその情報を製造に活用する支援システムを
用いて工場全体を自動化するものである。また、後者の CIM はコンピュー
タ統合生産のことで、開発・設計をはじめとして部材の調達、製造・検査、
出荷に至る技術情報や製造情報、管理情報などの各種情報をコンピュー
タ・システムによって統括し、生産の効率化を行う生産管理システムのこ
とである。工場全体の自動化、生産管理全体の総合的なシステム化が図ら
れている。

　なお、自動制御が進むと、すべての人間労働を自動制御機械によって代
替しうるように見える。確かに人間労働が直接的な労働過程、搬送・管理
過程から減少し、無人工場では消滅しているように見える。だが一方で、
監視や補修だけでなく、製品・製造技術の設計・施工、制御技術の高度化
に見合う作業機・動力機・伝導機構のリフレッシュ、工場管理のデザイン・
施工、自動制御のためのプログラミングなど、新たな労働の分化によって
人間労働の役割はシフトする。その結果、産業構造は転換せざるをえず、
労働編成も大きく再編される。

　ここに容易ならざる問題が起きる。資本の利益重視の立場から、従業員
の配置転換、場合によっては雇用不安、労働強化、等々を引き起こし、必

ずしも労働者にとって好ましい労働環境とはなってはいない。とはいえ技術の進歩は生産性を向上させ、人間の生活を本来豊かにするものである。したがって、その恩恵を労働者があずかりえるように措置することが大切である。

7.5 自動制御技術の進歩と技術の総体的移行

コンピュータによって制御された高度な工作機械の登場について、これは機械を超えたものだとか、オートメーションなのだとか、いや依然として機械の段階であってその高度な段階なのだとかいう議論がある。すなわち、制御機構の自立によって、技術は、道具の制御が人間の肉体器官によって行われる、道具がものづくりを支配的に担う第1段階、次に制御の一定部分が手などを離れて機械によって行われる、機械が支配的にものづくりを担う第2段階へと進み、さらに自動制御が支配的になり、制御が原理的に人間の手などを必要としない生産の自動化（オートメーション）が進行する第3段階に至ったのだという。

この点に関わって指摘しておきたい。このような技術発展の段階区分からすると、自動工作機械がジグの装着や加工プログラムの指示などの人間の操作を必要とするのに対して、ロボットとこれに相当する自動工作機械は、これらの操作さえも不要とする可能性をもっており、また先に紹介したFAも含めこの第3段階を象徴するもののように見える。要するに、この第3段階は産業革命期における「道具的段階から機械的段階へ」の技術進歩に匹敵する、すなわち機械が支配的に生産活動を担う段階を超える、技術の歴史の中で大きな転換点となる新しい段階の技術のようにも考えられる。

しかし、このような段階発展の考え方は制御という技術内容に焦点を当てて技術の発展段階を論じたものである。制御技術の歴史としてはこれで問題はないとしても、人間の労働過程、生産過程における根本的問題、つまり、「道具的段階から機械的段階へ」と移行していくような技術進歩と匹敵するような基本的変化があったのかを考えてみなくてはならない。

　道具の段階では道具（労働手段）は人の手に保持され、労働力が出発点であるが、機械の段階になると労働手段は労働力から離れて、部材の加工は機械（労働手段）がおおよそ担うようになる。けれども自動制御になって、そのことに決定的な変化はあったのだろうか。制御の変化は機械の構成要素の新たな分化と内的連携の高度化であって、技術すなわち労働手段と労働対象との関係は、機械が基軸となって、なおいえば作業機が核となって部材の加工にあたっていることに基本的に変わりはない。

　先の特徴づけは、第2段階と第3段階とでは制御が部分的か全面的かの違いであって、第2段階は完全な機械化への途上の1.5段階、第3段階が完全な自動化された機械化の第2段階ともいえる。となると、ロボットやFAなどの技術は高度に発達した機械技術の延長線上に位置づくのか。制御技術の発展・自立という制御技術史上の問題と、道具から機械への発展というような技術一般の総体的移行の技術史上の問題とを相対的に区別すべきである。これらの議論の中には、自動機械体系は技術概念であり、オートメーション概念は自動化を直接の契機としているが、社会的生産の概念、企業内では管理概念において定立するもので、自動化は区別すべきであるとの見解もある。

　とはいえ、機械の構成部分をその機能的部面からとらえると、作業部（加工作業を直接行う機械）－伝導部（輪軸・歯車・ベルト・連接棒などによって動力を作業機に伝導・調整する連接機構）－動力部（動力を生み出す機械）から制御部が自立することで、機械は新しい段階に立ち至っていることは確かなことである。

　いうならば、この四つの部分の相互矛盾として問題を理解することが大切である。NC工作機械や産業用ロボットにしても、精密加工とその支援を行うためには、単に制御部の中核たるコンピュータの情報処理が高度になれば可能となるというものではなく、センサーによる情報の収集、その伝送はもちろんのこと、その一方で、たとえば精密位置決めが実現できるように、作動部・伝導部たる駆動系、また動力部たるエンジン（モーター）がより精度よく確実に相互に連携して作動しなくては実現できない。制御

技術だけが高度化したのではない。機械の構成要素の分化とその高度化が進んでいるのであるが、人間労働は、その開発・製造支援等を含め、こうした機械システムを部材加工に介在させて生産に取り組んでいる。

第8章　コンピュータ・ネットワークの発展と
　　　その社会的利用

8.1　はじめに

　コンピュータ技術の歴史をみるならば、一つの側面はコンピュータがその計算能力や情報処理能力を飛躍的に進歩させたことである。しかしながら、コンピュータの発展史にはもう一つの側面がある。電話などの電気通信技術と結合して以来、コンピュータは複数のコンピュータとオンラインで結ばれるようになり、コンピュータ・ネットワークの側面でも発展の道を歩むようになった。

　このように、コンピュータが単体ではなくネットワークに繋げて利用されるようになる最初の一歩は、膨大な国家資金を投入する軍事プロジェクトと結びつくことで実現された。しかしながら、一度、コンピュータ・ネットワークが実現されるや、それは軍事利用に限らずビジネス利用や個人利用でも応用範囲とニーズを広げ、急激な発展をみせるようになった。

　この章では、コンピュータ・ネットワークがどのようにして発展したのか、またその発展が私たちの社会生活にどのような影響を与えることになったのかを明らかにする。すなわち私たちの社会生活に及ぼしている肯定的な影響だけでなく、その否定的な部面も示す。

8.2　オンライン・システムの誕生

　IBM 社は軍事プロジェクトである SAGE（Semi-Automatic Ground Environment：半自動防空システム開発）に関与することでオンライン・リアルタイム処理技術を獲得することができた。というのは、SAGE の基本的目的はコンピュータ技術を応用した防衛システムの実現にあったが、それは高性能小型レーダーの多数設置と、それらレーダーで得られた情報の電話回線による伝達、その上でそれらの情報をコンピュータでリアルタイ

ムの高速解析処理を行うものだったからであった。この SAGE のコンピュータは AN/FSQ-7 とよばれるものである（**図 8.1**）。

図 8.1　AN/FSQ-7
出典：クリスチャン・ワースター（参考文献）

　このコンピュータの登場には次のような経緯があった。実は、この AN/FSQ-7 の基となったのは、マサチューセッツ工科大学（以下 MIT と表記する）リンカーン研究所で開発されたコンピュータ Whirlwind Ⅱである。そしてなお、その Whirlwind Ⅱはそれ以前の MIT のサーボ機構研究所の研究グループが行っていた研究が基礎になっている。すなわち、その研究グループは第二次世界大戦中に海軍の委託でフライト・シミュレーターの研究を開始しており、終戦直後に入手した ENIAC の情報に刺激されてフライト・シミュレータの制御に利用できるデジタル・コンピュータの研究に重点を移すようになっていた。それが Whirlwind と命名されたコンピュータである。

　そうした折りに、アメリカ国防総省は、旧ソビエトの原爆開発成功の報を受けて、ソビエトからの爆撃機による原爆投下の危険性を察し、防空対策の改善を急務とした。国家プロジェクト SAGE の立ち上げは、こうした

事態を前にしてのことだった。すなわちアメリカ国防総省は、MIT から提出された新しいレーダー・システムと高速処理コンピュータとを組み合わせた新しい防空システムを開発しようとの提案書を了承した。こうしてプロジェクトは始まり、空軍からの正式な委託を受けて MIT 内に新しくリンカーン研究所が設立された。サーボ機構研究所に所属していた研究グループの一部もその新しい研究所に移り、防空システム用として Whirlwind を基に Whirlwind II が開発されたのだった。ただし、防空システム用に実戦配備するためには、それを大量生産できる仕様に改良する必要があった。その量産化のパートナーに選ばれたのが IBM 社である。IBM 社は MIT リンカーン研究所のもつ技術的成果をもらい受けて、AN/FSQ-7 を開発し、大量に生産するに至った。

　SAGE は、全国に設置された無数のレーダー網と連結した巨大なコンピュータ・ネットワーク、すなわちマクガイア空軍基地（空軍本部）と全国23 ヶ所のアメリカ空軍指令センターに AN/FSQ-7 を 2 台 1 組で設置し、それらのコンピュータを電話回線で結んだネットワークとして構築した（**図8.2**）。なお、AN/FSQ-7 が 2 台 1 組で設置された理由は、1 台の稼働中にもう 1 台を待機させ、もし稼働中の 1 台が突然に停止もしくは誤作動した場合に、自動的に待機中のもう 1 台に切り替わる二重システム（Duplex system）にして不測の事態を回避し、信頼性を高めることにあった。

　AN/FSQ-7 の画期的な成果としては、ハードウェア面では高速リアルタイム処理を可能にする主記憶装置として磁気コア・メモリー、外部記憶装置として磁気テープ装置や磁気ドラム装置が開発・搭載され、ソフトウェア面では二重システム以外に、オンライン・システム（On-line system）とタイムシェアリング・システム (Time sharing system) が初めて実現された。ちなみに、前者はネットワーク経由でサービスを提供したり業務を処理するシステムのことで、後者は時分割システムといわれ、短い時間間隔で切り替える割り込み処理を行うことで、多数の端末からの命令実行をコンピュータがほぼ同時に処理するシステムのことである。また、画期的な入出力装置として CRT ディスプレイ、ライトペン、およびキーボードも初めて

採用された（**図8.3**）。

図8.2　アメリカ空軍指令センターのコンソール

AN/FSQ-7にはCRT付属の多数のコンソール、IBM社のパンチカード磁気テープ装置が接続されている。

出典：参考文献

図8.3　ライトペン

コンソールではライトペンを使用して操作。GUIの初歩的なもので、ライトペンがマウスに相当する。

出典：参考文献

　IBM 社はその後すぐに AN/FSQ-7 の技術的成果を民生用システムとして、その最初の軍民転換を行う絶好の機会を得た。すなわち、1957 年～1960 年にかけて、IBM 社はアメリカン航空と共同で航空座席予約システム（SABRE）を開発することになり、その技術的成果を応用して実現した。そしてこの予約システムは、1960 年から 1963 年にかけてアメリカン航空に順次導入され設置された。

　また IBM 社は 1965 年以降、AN/FSQ-7 の技術的成果と SABRE の経験を活かし、オンライン・システムとして利用できる System360 シリーズを発表し、民生用の大型汎用コンピュータ市場を席巻しながら、たとえば銀行など金融機関のオンライン処理化を支えることになった。

8.3　コンピュータ・ネットワークの発展

　このような大型汎用コンピュータを核とするネットワークに取って代わるクライアント／サーバー型システムが、コンピュータのダウンサイジング化を経て誕生した。それはさらに、インターネットの時代に World Wide Web と結びついて利用されるようになり、コンピュータ・ネットワークの主流へと発展した。その経緯を見てみよう。

（1）ダウンサイジング

　コンピュータの世界でダウンサイジング（downsizing）という用語がしばしば使われる。その用語の直接的な意味は小型化にあるが、コンピュータの世界においてその用語が使われる場合には、半導体技術の発展、特にコンピュータへの集積回路（IC）の採用とその集積度の高まりを背景に、小型化というだけでなく、さらに低価格化をもたらしながらも高性能化も実現するという意味を含んでいる。

　その意味で最初のダウンサイジングの発端は、デジタル・エクイップメント社（DEC：1957 年設立）が開発・販売した PDP（Programmed Data Processor）シリーズとよばれるコンピュータである（**図 8.4**、**図 8.5**）。これまでの大型汎用コンピュータは周辺装置やソフトウェア、マーケティング

などの費用がかさんで高価であった。これに対して PDP シリーズは高性能
かつ低価格化を実現し、ミニ・コンピュータという範疇を確立させた。PDP
シリーズは、科学・技術計算分野にターゲットを絞って低価格（5 分の 1
以下）を実現し、特に学校、大学、研究所などに多く導入されたのだった。

図 8.4　PDP-11 本体　　　　　　　図 8.5　PDP-11 の入力装置

　こうしてダウンサイジング化が始まったが、本格的なダウンサイジング
化は、クライアント／サーバー型システムに適合するワークステーション
とパーソナル・コンピュータの登場を起点とする。

　前者のワークステーションの開発・普及において大きな役割を果たした
のは、サン・マイクロシステムズ社（SUN Microsystems：1982 年創業）で
ある。社名にある SUN は Stanford University Network の頭文字で、同社を
設立したスタンフォード大学の大学院生が学内ネットワーク用のワークス
テーションを開発していたことにちなんでいる。同社は 1985 年に Sun-3
とよばれるワークステーションを開発し、先行のライバル企業を追い抜い
てトップシェア企業となった。さらに SPARC とよばれる、これまでとは
異なる新しい RISC（縮小命令セット・コンピュータ）方式を採用したマイ
クロプロセッサ（MPU）の開発に成功した。そして、この SPARC と、新
たに開発した Solaris とよばれる UNIX 系のオペレーティングシステム
（OS：基本ソフトともいう）を組み込んだワークステーションを開発し 1995
年以降さらに飛躍した。

　なぜ飛躍できたのか。それは当社のワークステーションの優れた性能も

さることながら、1990 年代半ばから起こったインターネット・ブームの波に乗ることができたからである。というのは、同社のワークステーションは、もともと CAD システム（コンピュータ支援設計：Computer Aided Design）や NC 工作機械（数値制御：Numerical Control）の制御などへの利用を目的として誕生したものであったが、前述のように UNIX をベースとした OS を組み込み、最初から優れたネットワーク接続機能を搭載していたからである。インターネット時代が幕開けし、この実現には多くのサーバー用コンピュータを不可欠としたが、同社はこの急拡大する新しい市場の需要にただちに応えることが可能であった。

　さて、パーソナル・コンピュータ（略してパソコンともいう）の開発はどうであったのか。パーソナル・コンピュータとは個人で購入し利用できるコンピュータという意味であるが、このような意味での最初のパーソナルなコンピュータは MITS（Micro Instrumentation and Telemetry Systems）社の Altair 8800 であった。しかしながら、それは組み立てやプログラミングに高い技能を必要とし、誰でも気軽に利用できるというわけではなかった。これに対して、電源を入れたら直ちに誰でも利用できる文字通りのパーソナル・コンピュータはアップル社の Apple II が最初であった。

　このアップル社のパソコン市場での大成功は、コンピュータ業界のガリバー的な存在であった IBM 社に大きな衝撃を与えた。やがて IBM 社はオープンアーキテクチャー戦略をとってパソコン市場に参入した。オープンアーキテクチャー戦略とは、CPU などの重要部品や基本ソフト（OS）の外部調達、ならびにパソコンの内部仕様を公開するもので、その結果、IBM 社はパソコン市場で大成功し、トップシェアを獲得することになった。

　だが、この戦略は他のメーカーに IBM パソコンと同じ内部仕様を備えたパソコンの製造および同じソフトウェアや周辺装置の利用を可能とさせることになり、IBM 互換パソコン・メーカーが多数誕生した。この結末は IBM 社としては思いがけない事態を迎えることになったが、IBM 社の 1984 年に販売されたパソコン PC/AT の内部仕様がパソコンの業界標準（デファクト・スタンダード）となったのである。

　こうしてパソコン市場は一つの節目を迎えた。しかしながら、この段階でのパソコンはまだ単体での利用を前提としたもので、ネットワークに接続しての利用を想定したものではなかった。

（2）クライアント／サーバー型システムの誕生

　ワークステーションとパソコンとが、イーサーネット(Ethernet)とよばれるネットワークの物理的な規格で接続され、LAN（Local Area Network）を構成するようになった。すなわち、個々の利用者が操作するコンピュータ（クライアント）と、ならびにそれらのクライアントが共同で利用するアプリケーション・ソフトやデータ・ファイル、周辺装置を分担して管理する、いい換えれば特定の役割を集中的に担当するコンピュータ（サーバー）とが、ネットワークで相互に結合するクライアント／サーバー型システムが誕生した。さらにインターネットと接続されるようになると、クライアント／サーバー型システムはコンピュータ・ネットワークの主流となっていった。

　さて、クライアント／サーバー型システムの根幹となるコンセプトと必要な技術を提供したのは、ゼロックス社パロアルト研究所（以下、PARCと表記する）であった。ARPA（国防省高等研究計画局）のプロジェクト・リーダーであったラリー・ロバーツがこの PARC に移って以来、多くの元ARPA 研究員が所属するようになった。

　優れた開発陣を取りそろえた PARC は、1973 年に次世代型パソコンの試作機であるアルト(ALTO)を誕生させた。このアルトは、入出力装置にキーボードだけでなくマウスも採用し、それと画面のグラフィックス表示とを組み合わせて視認性や直感的な操作に優れた GUI(Graphical User Interface)とよばれる画期的な環境を備えたパソコンを実現した（**図 8.6**）。しかし、それにとどまらず、同時に開発されていたイーサーネットでネットワーク接続を前提とした最初のパソコンでもあった。

　このアルトは残念ながら商品化されずに終わったが、そのコンセプトと成果はアップル社の Macintosh とマイクロソフト社の Windows に受け継が

れた。また PARC においてイーサーネット開発のリーダーであったロバー
ト・メトカーフは、後にネットワーク関連製品を開発・販売する 3Com 社
を創設し、イーサーネットとインターネットの普及に大きく貢献した。

図 8.6　ALTO

　今日のインターネット（INTERNET）の基礎となるネットワークとその
関連技術はいつ生み出されたのか。その基礎になったのは、ARPA が 1969
年に開発した ARPANET である。その成功の鍵を握ったのは、ネットワー
クを中継するメッセージ転送専用のコンピュータで、今日のルーターの元
になったものである。その通信規格は後に TCP/IP として整理されること
になる。

　このように ARPANET を起点としてネットワークが発展し、その管理が
1989 年末に ARPA から NSF（全米科学財団）に継承された。さらに民間イ
ンターネット・プロバイダ（インターネット接続サービスをビジネスにす
る業者）がつぎつぎにネットワークを構成し、それら同士が相互接続する
ようになった。こうして商業利用も可能になって爆発的に普及し、ネット
ワークのネットワークであるインターネットへと発展した。

　情報の検索と閲覧が容易にできるように、ファイル位置情報を埋め込ん
で複数の文書を連結できるインターネット上のハイパーテキスト・システ
ム World Wide Web と、ならびにブラウザという閲覧ソフトウェアが誕生

するや、Web サーバーはインターネットには欠かせないものになり、LAN を構成する、前述のクライアント／サーバー型システムも爆発的に普及した。

　インターネットは本来オープンな利用を前提とするものであるが、企業内 LAN をできるだけ低コストで構築したいという企業のニーズが増大する中で、インターネット技術の延長線上でセキュリティ技術を強化したクローズドな環境で稼働するイントラネット(Intranet)の構築という形態が増大した。イントラネットは、企業内コンピュータ・ネットワークをその企業独自で構築するのではなく、今日では外部企業からサービスとして提供を受けるクラウド・コンピューティング（Cloud Computing）へと発展している。"クラウド（Cloud）"は雲の意味であるが、コンピュータ・ネットワークの概念図を雲で表したことに由来し、サーバーの存在を意識せずに、受けるサービスの内容に重点が置かれる。クラウド・コンピューティングは、ハードウェアから基本ソフト、アプリケーション・ソフトまでどのレベルまでサービスを受けるかによって、HaaS(hardware as a Service)またはIaaS (Infrastructure as a Service)、PaaS (Platform as a Service)、SaaS (Software as a Service) の3つに分類される。

8.4　コンピュータ・ネットワークの社会的利用

　今日、企業も、大学・研究所も、個人が利用するインターネット・プロバイダ業者も、そのほとんどのコンピュータ・ネットワークはインターネットに接続され、国内にとどまらず地球規模で社会的に利用されている。このように利用されるコンピュータ・ネットワークは非常に便利で有益な側面を持つ一方で、私たちにさまざまな危険をもたらす場合もある。以下では、コンピュータ・ネットワークの社会的利用に伴う有益な側面と危険な側面の両方を紹介する。

（1）インターネットとビジネス

　インターネットは1990年代半ば以降、"情報スーパーハイウェイ構想"

とよばれるクリントン政権の諸政策の後押しも受けて、アメリカにおいて急速に普及した。これを受けて、インターネットを活用したさまざまな新しいビジネスが誕生し、デジタル・エコノミー（Digital Economy：この言葉はアメリカ商務省が電子商取引の経済に与える影響を考察して 1998 年に公表した報告書「Emerging Digital Economy」で使ったのが始まり）とか、IT（情報技術）革命とか、盛んに言われるようになった。

　インターネットを利用したビジネスでまず目立つのが、インターネットを活用した商取引、すなわち電子商取引（e コマース）である。電子商取引は取引相手により三つに区分され、(1)企業対企業の取引（B to B または B2B）：資材や原材料などの取引が中心であり、取引金額では電子商取引全体の 8 割以上を占める取引、(2)企業対消費者の取引（B to C または B2C）：たとえばさまざまなオンライン・ショッピング、アマゾン・ドットコム社の書籍販売などの取引、(3)消費者と消費者の取引（C to C または C2C）：たとえばオークション・サイトやフリーマッケット・サイトなどの取引である。

　特に、B2C の電子商取引は生産者と消費者との関係に大きな変化を及ぼしている。中間流通業者を「中抜き」することでコストと時間が節約され、しかも企業と顧客の関係を一対多（One to Mass）から一対一（One to One）へと変化させた。この取引関係の変化は、企業にとっては顧客の属性や購買履歴など重要な顧客情報の収集を容易にさせ、顧客一人ひとりを大切に扱う CRM（顧客関係管理）など新しいマーケティング戦略の採用を可能にした。さらに、Web サイト上にバーチャルショップ（仮想店舗）を立ち上げるだけで販売が可能となり、従来のような現実店舗を必要としない。したがって店舗維持コストも少なく済み、起業も容易になった。なお日本においては、電子商取引とコンビニエンス・ストアとの結合に見られるように、諸外国にはない新しい業態も現れている。

　インターネットならではの新しいビジネスモデルを展開しているものがある。その代表事例の一つが Google 社である。同社の主たるサービス内容は、Web 上のホームページやブログなどを検索するサイトの提供である。

そしてこれを無料で提供している。なぜこのような運営が可能かといえ
ば、それは検索サイトの広告料を主たる収入源として運営しているからで
ある。したがって、検索サイトの利用者が多いほど、より収益の上がる、
たくさんの広告主と高い広告料を確保できるので、いかに同社の検索サイ
トの利用者を増やすかが鍵となる。そこで、同社は検索サイトの利用者を
増やし確保するために、Web 検索機能だけでなく、さまざまな便利なサー
ビスを無料で次々と追加している。たとえば、Google Map、G-mail、そし
て Web 上から無料で利用できるワープロ・表計算・プレゼンテーションの
機能などの提供である。

　Google Map は通常の地図だけでなく、航空写真や３Ｄ地図も組み合わ
せ、興味深いものになっている。G-mail は Web メール機能であるが、その
驚くべき特徴は保存容量がほぼ無制限に確保されており、過去のメールを
いっさい削除する必要がない。Web 上から無料で利用できるワープロ・表
計算・プレゼンテーションの機能は、マイクロソフト社のアプリケーショ
ン・ソフトである Office と互換性があり、インターネットに接続されてい
ればダウンロードできる。すなわちトラフィック（ネットワーク上を流れ
る情報量）さえ問題なければ、パソコンにわざわざマイクロソフト社の
Office をインストールしなくても済むというメリットがある。

　こうしてコンピュータやネットワークを利用した新しいビジネスの手法
が開発されて普及してくると、このビジネス手法の優先的占有権が問題と
なった。これがビジネスモデル特許の問題である。アメリカはその国家戦
略も反映して、通常の知的財産権保護に加えて、ビジネスモデル特許とい
う新しいタイプの保護形態も提起した。その形態は従来の特許制度の枠組
みをそのまま利用するもので、1998 年のアメリカ連邦巡回控訴裁判所の判
決、1999 年のアメリカ最高裁判所の支持により確定した。はじめはアメリ
カ内での制度適用であったが、確定するやアメリカ政府は諸外国に同様の
制度を受け入れるように圧力をかけ、日本を含め国際的にも大きな影響を
与えることになった。

（2）インターネットと個人生活

　インターネットは、最初、文字中心の一対一のコミュニケーション手段である電子メールを主に利用するものであった。それが World Wide Web とブラウザ・ソフトの登場により、文字だけでなく多様なメディア形態のコミュニケーション手段としてその利用が広がった。

　そうした中で、これまでとは異なる新しい利用形態のものとして Wikipedia や YouTube などのような利用者参加型のサイトが登場した。

　Wikipedia は単に利用者の知りたい知識項目の情報を提供しているだけでなく、利用者たちが場合によって自分たちの得意領域を活かし、自分で選んだその項目について詳しい紹介記事を書いて載せることもできる。Wikipedia はこのようにして大勢の項目の紹介記事を書く提供者が参加することで、Web 利用の巨大な百科事典サイトを構築している。

　YouTube はいわゆる動画投稿サイトである。利用者は誰でも自由に動画ファイルをアップロードすることができ、面白いビデオ映像を紹介し合うことができる。時には YouTube に自ら作成したプロモーションビデオを投稿して、大きな話題を巻き起こし、プロ歌手デビューしたケースもある。

　今日では、情報の更新が非常に容易になったブログという形態が多く利用されている。ブログとは Weblog の略 Blog で「Web に log（記録）する」という意味から名付けられた。自分の趣味、得意な分野、身近な話題を基に気軽にブログで情報発信するようになった。その中には学者・研究者、医者、政治家などのものもあるが、歌手や芸能人、プロスポーツ選手のブログも多数存在し、話題を集めている。

　気心が知れた限られたグループ内で気軽に会話したいという理由から日本では mixi や GREE、海外では Facebook や MySpace など、いわゆるソーシャル・ネットワーク・サービス（SNS）を利用する者も多い。なお mixi は株式会社ミクシイが運営するもので、mix（交流する）＋i（人）に由来しているという。

　さらに最近では、一言だけの短い文（140 文字以内）で載せるミニブログ Twitter とよばれるコミュニケーション・サービスも多用されるように

なっている。Twitter の名は tweet（鳥のさえずり）に由来し、日本では"つぶやき"と意訳されている。利用者は数百万人に達している。

（3）インターネットの利用に伴う危険

　以上、インターネットの社会的なさまざまな利用状況について述べてきたが、こうしたインターネットの急速な普及に伴い、たとえば、差出人の身元を隠した匿名メールや、差出人が本来のものと違って詐称する"なりすまし"メールなど、その悪用もある。これらは犯人が特定されにくく、ゲーム感覚で行えることで犯罪が増えてきている。

　次のようなインターネットを利用した詐欺事件も起きている。その一つがワンクリック詐欺で、送られてきたメールの中のリンクをクリックすると、「会員登録が完了しました」のメッセージとともに、不当な利用料金が請求されるというものである。たとえば、アダルトサイトを覗いていて騙された未成年者が親にも相談できずに支払ってしまった場合もある。もう一つはフィッシング詐欺で、銀行やクレジットカード会社など金融機関を装ったメールが送られ、そのメールに付いているリンクで偽のサイトへ誘導され、巧妙な手口で銀行の口座番号やクレジットカード番号、暗証番号など大切な個人情報を入力させるものである。個人情報が犯罪者に取得されると不当にお金が引き出されたり、不当な買物の代金請求が後で回ってきたり、別の犯罪に悪用されたりもする。三つ目はオークション詐欺で、オークションで落札され代金が振り込まれたのに、商品が送られてこないとか、あるいは偽の商品が送られてきたとかの場合である。またオークションを装いながら、メールで別途購入を呼びかけて、詐欺に引き込ませる場合もある。

　最近では、青少年が有害サイトがらみの事件に巻き込まれるようになり、有害サイトの危険性が社会問題となっている。たとえば、出会い系サイトを利用した若い女性が性犯罪、殺人、強盗などに巻き込まれたり、自殺系サイトで知り合った若者たちが集団自殺をしたり、悪意ある者が集団自殺を装って快楽殺人を行ったり、さらには闇サイトで知り合った者たちが臨

時の犯罪グループを結成して殺人や強盗などの凶悪犯罪を行う事件も起きている。

　未成年者が携帯電話を通じて有害サイトに関わるケースが増えてきたことを受け、2006 年 11 月に総務省は携帯電話事業者に対しフィルタリング・サービス（有害サイトアクセス制限サービス）の普及促進に関する要請を行い、NTT ドコモ、KDDI、ソフトバンクモバイルの携帯大手 3 社は未成年者の場合の契約時にフィルタリング・サービスの原則加入を決定した。

　さらに、コンピュータ・ネットワークを経由して個々のパソコンやサーバーを攻撃するコンピュータ・ウイルスやサイバー攻撃（cyber-attack）による被害も頻繁に起こっている。コンピュータ・ウイルスとは他人のコンピュータに侵入してシステム障害などの悪さをするプログラムであり、ウイルスのようにつぎつぎと他のコンピュータに感染し増殖する。サイバー攻撃とは企業や団体がもつサーバーに不正アクセスして重要情報を盗んだり、情報を改ざんしたり、サーバーを機能停止に追い込んだりして打撃を与えようとするものである。

　コンピュータ・ウイルスやサイバー攻撃からコンピュータを守るためには、ウイルス対策ソフトやセキュリティ対策ソフトをインストールするだけでなく、それらのソフトが必要とするファイルや情報の定期的な更新を行わなければならない。またコンピュータ・ウイルスやサイバー攻撃はセキュリティ・ホールとよばれる OS やアプリケーション・ソフトのプログラム上の欠陥を利用して侵入することが多く、アップグレード（プログラムの修正）など適切な対応が必要である。

　コンピュータ・ネットワークがオンライン・システムからクライアント／サーバー型システムへと発展する過程は、同時にグローバルなインターネットとしてその物理的な規模と利用の規模を爆発的に拡大させる過程でもあった。その過程は、一方でビジネスにも個人利用にも計り知れない便利さと利益をもたらしながら、他方でさまざまな新しい危険ももたらすようになった。今後、行政や業者の側でも安全な利用のための対策やセキュリティ対策が重要になってくるであろう。しかしそれだけでなく、利用者

である私たち個人や企業・団体の側でも、いま改めてコンピュータ・ネットワークの持つ意味や特徴をよく考えながら、安全な利用やセキュリティ対策の知識を正しく身につけることが大切である。

8.5　ＡＩ時代の到来とその功罪

（1）AI とは何か、AI で何ができるか

　AI（人工知能）とは、人間の脳の神経細胞「ニューロン」（大脳皮質で約140 億個、中枢神経全体で約 2,000 億個）が形づくる神経回路の振る舞いにヒントを得て設計されたコンピュータシステムのことである。近年、AIはディープラーニング（深層学習）を可能とする新たな段階に入ったと話題となっている。ディープラーニングとは、コンピュータのうちに作られた数学モデル「ニューラルネットワーク」によって実現される。このニューラルネットワーク（**図 8.7**）において、例えば、画像認識であればデータポイントの傾向や類似性などをあらかじめ何層もの関数で分析する、すなわちニューラルネットワークに仕込まれたアルゴリズム（問題解決の手順）が新たに入力された画像を分析して分類する。AI は情報の解析を行う技術で、考案次第でさまざまな方式の機能を装備することが可能である。

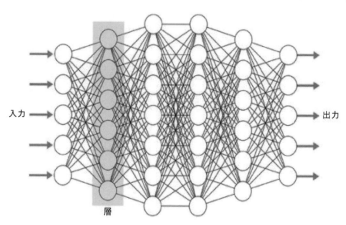

図 8.7　ニューラルネットワークの模式図
（出典：Code Zine HP）

とはいえ、ディープラーニングは単に高速コンピュータがあれば実現できるというものではない。例えば、正解か不正解か適正に判断する「教師あり学習」では、データをコンピュータに教え込む必要がある。腫瘍患部の病変や工業製品の外観の不良を検知するには、病変や不良品の画像データが必要で、検知の精度、その適正化を図るにはビッグデータが不可欠である。そのため画像・言語情報の収集にあたって著作権問題も生じる。

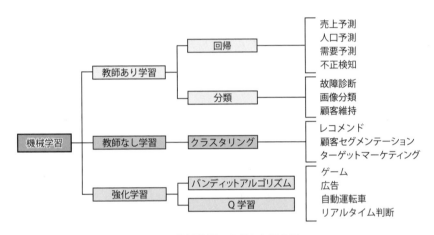

図 8.8　機械学習の分類と応用事例
(参考：梅田弘之「教師あり学習と教師なし学習 Vol.9」)

　現在、AI を使って機械翻訳・構文解析、専門的な判断・推論、あるいは画像認識による解析が人に代わって行われている。またそれだけではない。製造部門や流通・運輸部門、経理・融資等の金融部門、面談等の管理部門などにも使われており、比較的専門性の高い職種の雇用（例えば、士業）が奪われるのではないかと指摘されている。AI の活用分野の身近な例では、①画像認識による物品販売の自動レジ、②顔認証による決済システム、③就職活動における個別面談の判定、④収穫を最大化する最適な注水・施肥、⑤電力供給を最適化するスマートグリッド（次世代電力網）、⑥自動運転、⑦無人建機、⑧介護・家事ロボット、さらには⑨品質管理、⑩医療診

断、⑪監視・捜査等の分野での実用化も話題となっている。

　AIシステムがいろいろな場所で活躍するようになると、人間の存在性、価値をあやうくする可能性がある。奇しくも人間の能力が問われる時代を迎えている。

（2）AI到来の「実相」、対話型生成系AIはどういうものなのか

　インターネット上に自動翻訳サイトがある。私たちが通常使っている自然言語、例えば日本語を入力すると外国語に機械翻訳してくれる。まことに便利である。だが、AIさえあれば機械翻訳が実現できるものではない。翻訳しようとする自然言語がアナログ文字情報ないしは音声情報の場合には、デジタル文字情報に変換する必要がある。この場合には、スキャン等の周辺技術がなくてはならない。出力されたデジタル文字情報の変換の歩留まりにもよるが、その変換が適正であるか検分する必要もある。また、機械翻訳された外国語のデジタル情報をアナログ情報として役に立つ形で提供できるディスプレイやプリンター等の周辺技術も欠かせない。

　さらに、人間が対応しなくてはならないさまざまな補完的作業、どういった情報を翻訳するのか、目的の関連アナログ情報を収集し、そのうえでどれを翻訳するのか選定しなくてはならない。また自然言語に翻訳されたとしても、どのように有意な形で社会的に還元するのかということもある。私たち人間が携わっている現実の職務内容の広がりは多様で、AIを搭載したシステムの機能や作業範囲を拡充させることができれば別だが、これら業務すべてをAIが代替しうるのかという問題もある。

　スマートスピーカーもこれに類するが、質問に対して自然言語で回答を行う生成系AIが話題となっている。これはディープラーニングを活かし、インターネット上の言語情報をベースに確率論的数理解析を行い、回答を成文化して示している。

　留意すべきは、人が保持している言語・その体系は、生育過程で蓄積してきた多様な体験、身体性、自然的・社会的環境性を反映したもので、その思考のプロセスはそれぞれの人が成育過程で培ってきたものである。さ

らにいえば、人は人類が歴史的に積み上げてきた資料・文献を含め、広く歴史的・社会的過程を調べ検討する。また、言語によって示される文章・文脈の意味内容を、自己の意思・目的に照らして倫理的・価値的にバランスを考慮して成文化する。現段階の生成系 AI のパフォーマンスは、人間が言語等を媒介にして思惟し言葉を案出するプロセスに達しているとはいえない。また、現段階の生成系 AI は、情報のデータベースの問題もあるが、AI に依存しその成果物を鵜呑みにしていては偽認識にとどまることもある。

　私たちは、賢く批判的に考え、その利用にあたって倫理観・社会観をもって対応することが求められる。

（3）AI、IoT と連携した技術システムの問題点とルールづくり

　次のような事態を考えておく必要もある。AI システム自体の不備・欠陥、各デバイスの故障、また電力・電波システムのブラックアウトなどが発生した場合には不測の事態が起きる。GPS との連携では、太陽風や電離層の変動による電波障害、近接アンテナ等による電波干渉、大気中の水蒸気による電波遅延、衛星軌道の誤差など、運用の確実性を揺るがす自然的・技術的な構造的矛盾を抱えている。これらの技術的不具合・誤作動、はては悪意あるハッキングによる「暴走」などは、取り返しのつかない、場合によって人命の殺傷につながりかねない事故につながる。自動制御をしているだけにその運用に十分に注意を払うことが欠かせない。

　注意すべきことは、これら AI や GPS の情報技術・センサー技術などを駆使して、軍事技術を一新しようとする動きである。今日の軍事技術は、無人偵察飛行機、自動移動ロボット兵器、ドローン兵器が話題となっている。AI 兵器は、遠隔操作ではなく人を介さない AI 自体が自律的判断を行う「自動戦争」ともいうべき事態を現実のものとしている。

　アメリカでは民生用技術を軍事技術に転用するデュアルユースの国防研究が進められ、周辺技術としての探査・探知・追跡・情報解析・評価を行うシステム技術を開発し、導入することで高度化が目指されている。日本

でも 2015 年、集団的自衛権による安保法制が成立し、日本版デュアルユース技術の研究開発が防衛装備庁を中心に進められている。こうした軍事的研究開発の底流には力の抑止論があるが、国家間の対立を解消し、平和を志向する国際連携を目指す必要がある。

図 8.9　アメリカの RQ-1/MQ-1 プレデター
(出典：U.S. Air Force photo)

　さて、2019 年 5 月には、初めて複数国で合意された AI 原則が OECD から公表された。内容は①包摂的な成長、②持続可能な開発および幸福、③人間中心の価値観および公平性、④透明性および説明可能性、⑤堅牢性、⑥セキュリティおよび安全性、⑦アカウンタビリティからなる。EU は 2021 年に AI 規制法案を公開し、AI による生成には「made with AI」を明記する方向を示し、さらに倫理指針をまとめている。2023 年 7 月には国際連合の安全保障理事会も「平和と安全保障における AI の恩恵とリスク」のテーマでの会合を開催、早期の国際的枠組みを目指している。

　国内では 2019 年、統合イノベーション戦略推進会議が「人間中心の AI 社会原則」を決定した。それには、基本的人権、格差が生じないようなリテラシー教育、プライバシーに配慮した利用、セキュリティの確保など、評価できる記載もある。そして、ビジネスにおける公正競争確保、イノベ

ーションの原則なども謳われている。しかし、ことに留意すべきは、運用
面における集積された個人情報のビッグデータの恣意的分析・利用、流出
の可能性のリスクの問題である。また、経済産業省も 2021 年 AI 原則の実
践の在り方に関する検討会を設置した。

　一般に新たな技術進歩がともなう変動期は得てして雇用、その雇用環
境・条件は不安定となる。所有者・経営者の意に即して利益が拡充する限
りにおいて技術は充用され、それは労働者の意と必ずしも合致したもので
はなく、労働者には不利益な部面が生じる。それでなくとも情報通信技術
の発展は労働環境の二極化、すなわち知識労働優位の一方でそれ以外の現
場労働の価値を貶める二極化を進行させる。この根底には労働と資本（経
営）の構造的矛盾、言うならば、富と労働の再配分の問題がその根底に横
たわっている。

　AI 技術の社会的なあり方、その利用にどう対応していくか。技術至上主
義の、技術は使い方の問題だというような、技術の利便性の視点にシフト
したとらえ方では事柄の全貌を見失う。私たち一人ひとりの人間的尊厳を
高め、人類社会の平和と福祉を志向する視点を基本にすえて、到来する AI
時代の問題をおろそかにせずに向き合っていくことが大切である。

第Ⅲ部

科学・技術の展開方向と
科学者・技術者の役割

第 9 章　軍需生産への科学・技術動員と原爆計画、戦後のロケット開発

9.1　はじめに

　アメリカという国家は、依然として超大国としてふるまっている。超大国といったのには、経済大国、軍事大国としてその規模が大きいというだけではなく、世界に君臨しているという意味を込めてである。規模についていえば、次のような数字が物語っている。2009 年の名目 GDP（IMF 集計）は、アメリカ 14.2 兆ドルに対して、2 位の日本 5.6 兆ドル、3 位の中国 4.9 兆ドル、4 位のドイツ 3.3 兆ドルと、他を大きく引き離している。また、2009 年の軍事費（SIPRI）は、アメリカ 6070 億ドルに対して、2 位の中国 849 億ドル、3 位のフランス 657 億ドル、なお日本は 7 位で 463 億ドル、こちらも他を圧倒している。

　近年 BRICs が台頭し、中国やインドなどが大きく成長するのではないかといわれる。とはいえ、国際金融ではアメリカのドルが基軸通貨となり、軍事力の主柱たる核兵器の保有においても、アメリカの地位はロシアと並んで際立っている。こうした経済力、軍事力をアメリカはどのように築いてきたのか。

　そこで、本章ではその起源としてのアメリカの第二次世界大戦期の軍需生産機構の整備や科学・技術動員、なかでも原爆計画の実施過程をとりあげて、軍事大国アメリカの軌跡を検討する。

9.2　ファシズムに抗する連合国への軍事支援と経済不況の克服

　さて、世界大戦といえば第二次世界大戦だけではない。しかしながら、第二次世界大戦はその質と量において圧倒的に第一次世界大戦を上回った。アメリカの軍事費は GDP 比で示すと、20 世紀初頭は 1% 未満であった

が、第一次世界大戦参戦期には 8〜14％に拡大し、終結後は平時の予算に
戻り、1920〜30 年代は 1％前後で推移した。この比率が急変するのは、1941
年に 5％台に突入するや 1942 年 18％、1943〜45 年 37％（この時期、政府
支出に対する割合約 80％）と膨れ上がった。

　ちなみに第二次世界大戦後はどうだったかといえば、終結直後は一時期
軍縮経済をとったとはいえ、旧ソビエトの原爆保有や中華人民共和国の成
立（1949 年 9 月）、北大西洋条約機構（NATO）の設置（1949 年 4 月）に
対抗するワルシャワ条約機構の設置（1955 年）、朝鮮戦争（1950-53 年）な
ど、東西冷戦体制はその緊張度を強め、それに伴ってアメリカの軍事費も
9〜14％台に増大した。そして、ベトナム戦争期は 7〜9％台で推移した。
なお、今日のアメリカの軍事費は GDP 比で数％、その規模は世界の軍事費
の過半には達しないものの、一国で 40％台を占める。こうした数字は何を
示しているのか。いうならば、アメリカは第二次世界大戦を契機に戦後平
時においても強大な軍備を保有し、それでもってアメリカ優位の世界戦略
に徹していることを示している。

　そのようなあり方をとるようになった契機は、世界大恐慌を起点とする
経済の大不況にあった。日本やドイツをはじめとした列強諸国は、軍備拡
張を行い、場合によっては隣国への侵略に打って出た。これが効を奏して
失業率は低下した。これに対して、アメリカがとった方策はニューディー
ル政策で、実施するものの経済は回復せず、1938 年には失業率は 14％から
19％へと悪化した。

　この時期、アメリカは中立政策を掲げていたが、日本やドイツの侵略行
為はこの政策転換を促した。1938 年に海軍拡張法案や航空機 1 万機生産計
画など軍備拡張策を講じ、明らかにその舵を切った。この年、国家資源委
員会報告は「国家資源としての研究」を発表しているが、科学・技術の成
果は軍事利用へと向かうことになった。

　1939 年 9 月、第二次世界大戦が勃発するに及んで、その年の 11 月、英
仏の連合国を支援すべく中立法を改正し、武器・軍需品の輸出禁止措置条
項を解除したのだった。そして翌 1940 年 6 月フランスがドイツの侵攻によ

り降伏するや、アメリカ国民の危機意識は高まり、その年の9月アメリカ
は平時の選抜徴兵法を成立させることになった。ルーズベルト大統領は、
アメリカは「民主主義の兵器廠」となるべしとの談話を発表し、「民主主義」
を大義名分とした世界戦略を打ち出し、軍需経済へと転換した。翌1941
年の1-3月には秘密裏に英米の軍参謀部が会合を開く一方で、3月には武
器貸与法を成立させた。その年の暮れ12月、日本の真珠湾攻撃を機にアメ
リカは第二次世界大戦に参戦した。

9.3　軍事動員の本格化と軍需生産機構の整備

　アメリカの特異性は、このように第二次世界大戦参戦前の平時から軍備
拡張政策を進め、そしてこうした政策の下で戦争の準備体制ならびに軍需
生産機構を着々と整備していたことにある。

　1939年1月には、継続的軍需発注を行うことで、軍部と産業界との連携
を促す養成発注法を、6月には戦略物資備蓄法を可決し、8月陸海軍兵器委
員会を改組して戦時資源局を設置した。そして翌1940年5月には国家防衛
法（1916年制定）に基づき国家防衛会議を再設置し、その下にNDAC（国
家防衛諮問委員会：National Defense Advisory Commission）と実際の管理運
営を行う緊急管理局を置き、戦時資源局を再編した。

　1941年には緊急管理局の下部機構として生産管理局を設置したが、膨大
な軍需生産を取り仕切るには間に合わず、8月新たに供給・優先・割当局
を設けた。しかし屋上屋を架したようなこの組織機構は支障を招いた。そ
こで、1942年1月、供給・優先・割当局と生産管理局を廃して戦時生産局
（WPB：War Production Board）を設けた。なお緊急管理局の下に、これら
の戦時生産局をはじめとする武器貸与局、経済戦争局、全国戦時労働局、
戦時海運庁、科学研究開発局（OSRD：Office of Scientific Research and
Development）が下部機構として置かれた。

　なお、後述する原爆計画はこのOSRDのプロジェクトの一つであった。
このOSRDは1941年6月、科学的資源の動員、研究成果の国防への応用
を図ることを目的として設置され、陸軍、海軍、航空諮問委員会、国防研

究委員会に対する調整を行い、実際に研究成果を兵器生産に結び付ける、総合的統括を行う役割を担った。OSRD は全国各地の 300 の研究機関と契約し、6000 人を超える科学者を動員した。研究開発費（原子力関係を除く）は年平均 6 億ドル、そのうちの 83% は政府支出であった。たとえば、アメリカ電話電信会社(ATT)ベル研究所の研究費のうちに占める政府資金は、1939 年の時期では 1% に過ぎなかったが、1944 年には実に 81.5% に達した（図 9.1）。

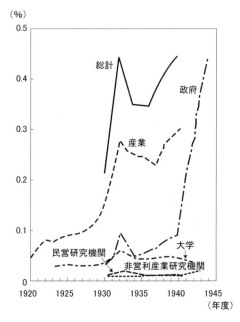

図 9.1 アメリカの研究費 （対国民所得比）

出典：「科学技術白書」(1989 年版)資料 NSF"Science : the endless frontier 1950-1960"

　こうして OSRD 傘下の研究機関は、原爆のみならず、航空機や戦車、ロケット弾・バズーカ砲、火炎放射器などの各種兵器、レーダーやアクティブ・ソナー、航空機用の酸素マスク、さらには抗生物質ペニシリンや殺虫剤 DDT など、さまざまに科学・技術開発を行った。
　もう一つアメリカの軍需生産に関わって要となるものに、復興金融公社

がある。これはその名の通り、金融恐慌の救済を目的として 1932 年に設立されたものであるが、連合国への軍備支援策と経済不況の克服の必要性に呼応して、その主たる目的を軍需生産に振り向けることとなった。そして、1940 年 6-8 月にかけてその傘下に国防工場公社、国防供給公社、金属貯蔵公社、ゴム貯蔵公社、戦時災害公社を設けた。その中でも大きな力を発揮したのは国防工場公社であった。各企業（アルコア、ジェネラル・モーターズ、US スチール、クライスラー、フォード、ダウ・ケミカル、ユナイテッド航空機、ジェネラル・エレクトリック、スタンダード石油、デュポンなど）に総額 92 億ドルを融資し、2300 の工場を建設したのだった。

こうして民需生産の軍需への転換が行われた。一例をあげれば、絹のリボンを造っていた企業は、絹のパラシュート生産に転ずるという具合である。各企業は軍用航空機をはじめとして戦車・装甲車、船舶、砲、弾薬、通信・電子施設など、大量に製造するに至った。

実にこの経済の軍事化は企業の業績を好転させた。1936-39 年の全産業の税引き前利益は年平均 67 億ドル、製造業のそれは 31 億ドルであったのに対して、1940-45 年の全産業のそれは 208 億ドル、製造業のそれは 118 億ドルとなった。失業率も 1941-42 年には 9.9-4.7%に下がり、何と 1943-45 年は 1%台で推移した。たとえば、ジェネラル・モーターズの売上は大恐慌後の 1932 年には 4 億ドル程度に落ち込んでいた。だが、1939 年 13 億ドルに回復し、1941 年は 24 億ドルと伸ばし、1943-44 年時には国防受注で 37-42 億ドルへと跳ね上がった。

ところで、アメリカの 1940-45 年の連邦政府予算は 3292 億ドルで、国防費はこのうちのおよそ四分の三の 2525 億ドルを占めた。その予算の中で大きな位置を占めたのは、都市の戦略的大空爆を目的とした B29 爆撃機 3700 機の開発・製造で 30 億ドルを費やしたというが、新型超爆弾「原子爆弾」の開発・製造はそれに匹敵する 20 億ドルが注ぎ込まれた。その計画はアメリカ国内 19 州とカナダにまたがる 37 ヶ所の研究開発施設・工場を建設し、延べ 12 万人を動員した（**図** 9.2）。

この新型超爆弾の開発と製造は極秘裏に進められたが、この計画の遂行

はアメリカをして、単にファシズムに抗する「民主主義の兵器廠」としての位置を超えて、原子爆弾というこれまでとは比べようもない軍事的手段を持つこととなり、世界における覇権をにぎる手立てを与えた。以下、原子爆弾開発・製造・使用の過程をこの部面から示したい。

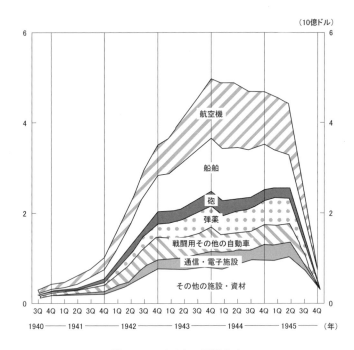

図9.2　アメリカの軍需生産
（四半期毎の月平均生産高、ただし1945年のドル価値に換算）
出典：U. S. Bureau of the Budget

９．４　新型超爆弾の開発・製造・使用とアメリカ優位の政策

（１）原爆開発計画の本格化と亡命科学者の排除

　当時、英米の科学者たちはレーダー研究のような戦争にすぐに役立つ研究に向かい、亡命科学者は核開発のような実現可能性の低い研究に取り組むという様相となっていた。こうした役回りの中で、最初に核開発で予算

を政府から引き出そうと積極的な行動に出たのは、ハンガリー出身のレオ・シラードである。彼は、ウランの核連鎖反応の可能性の科学的検討を行い、またドイツ原爆による危機を回避するには先んずることが最大の抑止力になると考えた。そして、事の重大さをルーズベルト大統領に気づいてもらうために、1939年8月アインシュタインの署名入りの書簡を起草し送付したのだった。

この書簡にしたためられた進言はただちには実行に移されなかったが、1939年9月第二次世界大戦が勃発した後の10月、ウラン爆弾の可能性を調査するウラニウム諮問委員会が設置された。交付された資金は6000ドルであった。

なぜそれはこうも小額であったのか。一つは、シラードらの天然ウラン爆弾構想は、結局中性子が吸収されて連鎖反応が途絶えてしまうものだったことにあるのかもしれないが、未だ核開発は未知の産物であったこと、また前述の委員会は臨時的なもので、シラードをはじめとした委員会を構成する科学者たちが亡命科学者で、機密保持の点で信頼されていなかったことなどにあるだろう。

実際、その後亡命科学者は委員会から締め出された。そしてフランスがドイツに降伏した直後の1940年6月、前述のように緊急管理局が設置されていたが、大統領はさらに国家防衛会議の下に、兵器の開発・改良のために科学研究の成果を役立てるべく、その調査と諮問を行う国防研究委員会（NDRC：National Research Defense Committee）を設けた。この委員会のメンバーは、軍関係者もいたがマサチューセッツ工科大学やハーバード大学の学長職、あるいはベル電信電話研究所の会長職にあった者たちで、その設立構想はこれらの学術界を知る者たちによるところであった。NDRCは既存の学術研究機関のイニシアティブを尊重し、そこに委託する方式をとった。そして、先のウラニウム諮問委員会は改組され、1940年7月S-1委員会としてNDRCの管轄下に入った。S-1委員会は、当初NDRCから原子力研究のために4万ドルを提供されたが、翌1941年夏には同位元素分離、重水、動力、理論の四つの小分科会を持つ組織へと拡充し、出費の総額は

30 万ドルに達した。

（2）英米協定と軍事機密下の原爆計画

　実現可能性のある原爆構想を発見したのは、イギリスに亡命していた O.R.フリッシュと R.E.パイエルスの二人の科学者であった（1940 年 2 月頃）。それは天然ウランに 0.7％含まれるウラン 235 を濃縮し、これに速い中性子を衝突させるというものであった。この情報を得たイギリス政府は、航空戦争科学調査委員会の下に小委員会を設け精査することになった。この小委員会が暗号名 MAUD 委員会である。

　その後、この爆発可能なウラン爆弾構想は 1941 年 7 月、英米の情報交換協定に基づきアメリカに伝えられた。当時、プルトニウム爆弾構想の可能性もアメリカにおいて追及されていたが、このイギリスからの情報が原爆計画のゴーサインを大きく後押しした。1941 年 10 月、原爆関連の政策を掌握する「最高政策グループ」（大統領、陸軍長官、参謀総長、OSRD 局長、NDRC 委員長等）が組織され、翌 11 月原子力研究は NDRC から OSRD に移管され、原爆開発のスタートが切られた。

　時に原爆計画の科学者たちの主導性が指摘されるが、その実態は最高首脳（大統領）と軍のトップ、研究機関を掌握する科学行政官（OSRD や NDRC の学術機関出身の責任者）ともいうべき者たちによるものである。翌 1942 年 8 月には原爆製造「マンハッタン計画」が発足し、翌 9 月には原爆開発に関する軍事政策委員会が設置され、本格的に始動した。こうしてマンハッタン計画は陸軍によって管理されるようになり、軍の行政決定が重要性を増した。政策決定の要は軍事政策委員会、その頂点に最高政策グループが位置し、原爆計画はアメリカ合衆国政府の最高機密政策として統括された（図 9.3）。

　この軍管理は研究現場の科学者たちを独特な状況下に追い込んだ。各研究所は秘密研究所として管理され、なかでもロスアラモス研究所は世間と隔絶された砂漠の高原地帯につくられた。そして科学者たちは細分化された各研究課題のセクションごとに配属され、セクション間の研究交流を禁

止された。実際、1942 年 10 月段階の調査によれば、原爆計画に関わって
いたバークレー研究所の研究従事者 502 名のうち原爆開発であることを知
っていたものは 27 名に過ぎなかった。科学者はただ自己に与えられた課題
を解決するためにその専門的知識・能力を発揮する他はなかった（**図 9.4**）。

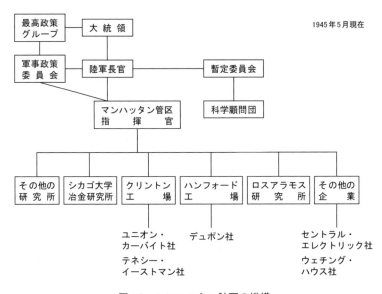

図 9.3　マンハッタン計画の機構

出典：山崎、日野川著「原爆はこうして開発された」より

　とはいえ科学者の中には、ドイツの原爆開発に遅れをとってはならぬと
の思いから、早期完遂のためには専門的知識のない軍部が取り仕切ってい
ることは好ましくなく、また上述のような情報の区分化をやめて、研究の
一般的原則としての情報を自由に交流することが望ましいとの意見を上司
に訴える者もいた。また、計画が進行するに伴って、原子力開発の行く末
やその政治的・社会的意味を科学者らしい合理性でもって論ずる者もいた。
彼らは、アメリカの核開発での指導的地位を確保することに留意しつつも、
やがて核軍備競争が巻き起これば最悪の事態を招くのではないかと考え、
国際管理を行うことが望ましいとの認識に至った。

図 9.4 アラモゴード砂漠のトリニティ・ベース・キャンプ
この施設は人類史上初の核実験（プルトニウム原爆）のためのもので、
1945 年 7 月 16 日核実験が実施された。
出典：「Los Alamos」Los Alamos Historical Society パンフレットより

　ところが、科学者たちが原爆計画に取り組み、前途を案じていた頃、英
米首脳は 1943 年 8 月の極秘会談（ケベック協定）で核の独占政策を確認し
ていた。また軍事政策委員会は 1944 年 8 月、戦後の原子力開発について国
際管理の考え方とは対極に位置する、アメリカの軍事的優越性を前提に検
討する戦後政策委員会を設けた（**図 9.5**）。
　なお、当局は 1944 年の早い段階でドイツ原爆の可能性はないとの判断を
し、1944 年 9 月英米首脳（ハイドパーク協定）は対日投下の可能性につい
て確認していた。1945 年 5 月、新たに設けられた暫定委員会において、事
前警告なしに日本を投下目標とすることを秘密裏に決していた。なお、原
爆投下に当たっては多数の住民に深刻な心理的効果を与えるように、最も
望ましい目標は労働者住宅にぎっしり囲まれている基幹軍事工場であると
した。当局は、目標検討委員会の議を経て、1945 年 7 月末頃には投下目標
として広島、小倉、新潟および長崎を選定していた。
　また、対日戦略会議はアメリカの九州侵攻の目標期日を 1945 年 11 月 1

日とし、ソビエト、中国の参戦は日本を最終的に敗北に追い込むであろうとの想定をしていたが、同会議の面々は新兵器があればソビエトの参戦を待つまでもなく、アメリカ単独で決着できるであろうとの考えが大勢を占めるようになった。

図 9.5　ヤルタ会談でのチャーチル、ルーズベルト、スターリン

（3）原爆投下後の科学者と原子力の国際管理問題

　終戦直後は、これまで秘密裏になっていた原爆計画が明るみになり、また広島に続く長崎への原爆投下のニュースが報道され、科学者たちは原爆完成を急がせていた戦争早期終結論や、ドイツ原爆対抗論が虚構の論理であることに驚き、原爆計画とは何だったのか、盛んに議論した。その結果、もはや研究業務に携わるだけでなく、原子力問題の将来のあり方、その政治的、社会的意味を協議し、また影響力を行使しうる原子科学者連盟を結成した。そして、原子力開発の戦後政策をさし示したメイ・ジョンソン法案が、軍による研究の自由を阻害する研究統制を盛り込んでいることに反対の意を示した。

　さて、科学者たちが戦中から案じていた原子力の国際管理問題は当初、米英加の政府間交渉で国連に委員会を設け、協議することが合意された。科学者たちはこのホープフル・スタートに期待した。だが、翌 1946 年 3 月アメリカはアチソン・リリエンソール報告を発表した。これは国際管理機関の設置にあたってアメリカの核独占・核優位を確保し、アメリカが原爆を廃棄するかどうかはアメリカの最高政策であって、情報の公開についてもアメリカの意に即した段階的公開の考えに立つものであった。

　その年 6 月、国連原子力委員会は審議を開始した。アメリカには国際管理を、ソビエトには原爆の製造、使用の禁止を提案したが、対立を深めていった。アメリカは 7 月にビキニ環礁で水爆実験を行い、核保有の意思を改めて示した（**図 9.6**）。翌 1947 年国連軍縮委員会においてアメリカは原子兵器問題を軍縮問題一般から切り離すべきだと主張した。子細は割愛するが、こうして国際管理協定実現の協議は破綻した。

図 9.6　ビキニ環礁での水爆実験（1954 年 3 月）

　アメリカ国内の原子力政策は、文民管理を盛り込んだマクマホン法案が 1946 年 7 月に議会を通過し、その年の暮れまでに原子力委員会は発足した。しかし、同時に軍事連絡委員会も設置され、文民管理は骨抜きにされたのだった。アメリカは戦後の核開発に 1953 年までに 60 億ドルを費やし、1950

年代になると水爆を含む核実験の回数も一段と増え、まさに核時代をつくりだした。

　この核兵器を主柱とする経済の軍事化は、やがて東西冷戦体制の緊張関係を生み、そして軍事的脅威による紛争とテロリズムを常態化させ、人間社会をして深刻な事態を招いている。

9. 5　飛翔体ロケット技術がもたらす光と影

　ロケットの開発はドイツの宇宙旅行協会から始まった。だが、折からの第二次世界大戦の勃発を受けて、軍事兵器として開発された。大戦終了間際にはナチス・ドイツによって開発された史上初の弾道ミサイル V-2 号 1,500 発が、占領下ベルギーの発射台から海を越えてロンドンとその周辺を攻撃し、多くの住民を死傷させた。ロケット開発は軍民両用の性格を早くも現した。

（1）米ソの核弾道ミサイル開発競争

　ドイツ軍が連合国に降伏するや、対ドイツ戦争では連合国として手を組んでいたアメリカとソ連（現ロシア連邦）はV-2 号の軍事的価値に着目し、先を争ってV-2 号の技術情報や技術者の確保に動いた。これらの成果を基に行った弾道ミサイルの開発競争は、戦後世界において西側諸国の盟主となったアメリカと、東側諸国の盟主となったソ連（ソビエト連邦）の間で、いつでも直接的な戦争になる危険をもった、いわゆる冷戦体制の下で、その弾道ミサイルの威力を競う恐ろしいものとなった。

　ソ連が核実験に成功（1949 年 8 月）した当初は、アメリカはソ連が軍用飛行機を使ったアメリカ領土への核兵器の投下を警戒し、国境沿いに設置のレーダーとコンピュータを使った半自動防空システム（SAGE）の構築で対応した。しかし、ソ連が先に長距離弾道ミサイル（R-7）の開発に成功し、通常爆弾（火薬）の代わりにスプートニクとよばれる人工衛星を搭載し、地球周回軌道への打ち上げに成功（1957 年 10 月）したことは、ソ連が核弾頭を積んだ長距離弾道ミサイルを使ってアメリカを直接攻撃できる

証となり、いわゆるスプートニク・ショックとなった。アメリカも弾道ミサイルの開発を強化し、米ソが互いに核弾頭を積んだ弾道ミサイルの射程距離と核弾頭の破壊力を高め、お互いに相手を脅す戦略が柱となり、悪夢のような核弾道ミサイル開発競争の幕開けとなった。

　米ソは戦略核兵器とよぶ射程500km以上の大陸間弾道ミサイル（ICBM）と潜水艦発射弾道ミサイル（SLBM）を頂点に、射程距離や大きさが異なる核弾道ミサイルを大量に製造し、地下施設、軍艦や潜水艦、爆撃機などに設置し、発射の指令があればいつでもどこからでも発射できる態勢を取った。

（2）人類社会を絶滅しかけない核弾頭

　米ソがお互いに戦略核兵器を使う核戦争が起こったならば、地球破壊と人類の滅亡が危ぶまれるに至り、核兵器の廃絶を求める国際世論は高まった。しかし、米ソともに核兵器の廃絶を拒否し、ICBMとSLBMの数とそれに搭載される核弾頭数の削減という努力で対応した。そして、現在のアメリカとロシア連邦の削減交渉になってからはその削減努力も緩み、作戦配備するICBM、SLBM、爆撃機に搭載される核弾頭数の削減が目標となるも、削った分が作戦外貯蔵に回され、必要ならいつでも作戦配備に復帰させる対応になった。

　表 9.1 を見ると、現在に至ってもアメリカとロシア連邦がお互いに持つ戦略核兵器（ICBMとSLBM）の中に保有する総核弾頭数は2,720と3,395であり、その合わせた保有分だけでもまだ地球を破壊尽くし、人類を絶滅させるのに十分な力がある。

　米ソは激しい核弾道ミサイル開発競争を展開する一方で、平和利用を謳って人工衛星や有人宇宙船を打ち上げる宇宙開発競争を展開した。人工衛星の打ち上げだけでなく、有人の宇宙船の打ち上げでも絶えずソ連が優位に立っていた1961年4月に、アメリカのケネディ大統領が1960年代末までに有人月面着陸の実現をめざすアポロ計画を発表し、1969年7月にアメリカの宇宙開発を管轄する米航空宇宙局（NASA）によって打ち上げられた

アポロ 11 号は地球周回軌道に乗った後、月周回軌道へ移動した。アポロ 11 号から切り離された月着陸機が史上初の月面着陸に成功した。

表 9.1　アメリカとロシア連邦が持つ戦略核兵器の弾頭数

（2022 年 6 月 1 日現在）

戦略核兵器	アメリカ		ロシア連邦	
	作戦配備	作戦外貯蔵	作戦配備	作戦外貯蔵
ICBM	400	400	812	848
SLBM	944	976	576	1159
計	1344	1376	1388	2007
保有計	2720		3395	

出典：長崎大学核兵器廃絶センターが公開した Web 資料より筆者が作成。

（3）スペースフォーピースと宇宙条約による「歯止め」

　その後、NASA は軍事目的の偵察衛星、軍事用通信衛星、軍事用 GPS（全地球測位システム）衛星などを打ち上げる一方で、それらの人工衛星を商用に改良し、例えば衛星電話、衛星放送、天気予報、GPS カーナビなどに利用できるようにした。弾道ミサイルに限らず、商用や観測用の人工衛星などや打ち上げ用ロケットの開発に関心を示す国が増え、1959 年の国連総会決議によって設置された国連宇宙空間平和利用委員会の議論を通じて宇宙法の制定作業が進んだ。1967 年に宇宙条約（月その他の天体を含む宇宙空間の探査及び利用における国家活動を律する原則に関する条約）が発効し、多くの国が宇宙条約に加盟した。

　さて、この宇宙条約に加えて、宇宙条約のいくつかの条文を補う国連総会決議によって、宇宙救助返還協定が 1967 年に、宇宙損害責任条約が 1971 年、宇宙物体登録条約が 1975 年、月協定（月その他の天体の経済活動を律する協定）が 1983 年にそれぞれ採択され、翌年に発効し、いわゆる宇宙 5 条約が出揃った。この 5 条約は宇宙開発に係る政府の行動を規定するものであり、5 条約に加盟する国がさらに国内法を整備するなら、民間企業の

宇宙開発への参入と成長を促進することができる。

図 9.7　Blue Origin 社の月着陸機
出典：ロイター（Web）ビジネス 2023 年 5 月 22 日付

　例えば、月協定は月や他の天体の天然資源を人類の共同財産と定め私有を禁止しつつ、宇宙資源の開発を可能にするものである。これに対応する国内法が整備されれば、民間企業が宇宙資源の開発をめざすことが可能である。実際、アメリカでは 1984 年商用打ち上げ法の制定をはじめとして宇宙 5 条約に対応した国内法が整備され、その結果、宇宙ビジネスをめざす民間企業が誕生することになった。近年の動きでは、月の（将来的には火星の）天然資源の探査と利用を目的とする国際協力のアルテミス計画が日本を含む 8 か国の合意によって開始され、2023 年 9 月には 29 か国の加盟にまで広がった。これはアメリカを基軸とした同盟国優位の宇宙に広がる覇権活動ともとられかねない動きといえる。**図 9.7** は Blue Origin 社が NASA から製造契約を得た月着陸機 Blue Moon 号であり、アルテミス計画で使用する。

　アメリカの宇宙ビジネス企業は、ソ連との宇宙開発競争の過程で培った技術と人材が NASA から移転され、開発資金の面でも厚い支援が受けられている。IT 分野で GAFA と称された巨人たちのように、圧倒的に競争優位な巨大独占企業となる可能性は高い。

（4）宇宙条約の平和利用原則の問題点

　現在の宇宙条約にある平和利用原則の規定には弱点がある。宇宙条約の第4条は「核兵器及び他の種類の大量破壊兵器」を地球軌道上に乗せない、月その他の天体に設置しない、宇宙空間に配置しないことを原則としているが、大量破壊兵器と一般兵器の線引きが難しく、また一般兵器の使用が禁止されていないことから、地球環境と多くの人命を脅かす兵器が人工衛星や他の宇宙飛行体に設置され使用される危険がある。

　1983年にアメリカがSDI計画（通称スターウォーズ計画）に着手した理由は、1972年に戦略核兵器向け迎撃用弾道ミサイルの配備制限条約（ABM条約）が米ソで締結され、アメリカが迎撃用弾道ミサイルの代わりに、強力なレーザー兵器を人工衛星や他の宇宙飛行体に設置して、ソ連から発射された戦略核兵器を迎撃するためであった。技術的な困難からこのような兵器の開発を諦めたアメリカは2002年にABM条約から離脱している。軍用飛行機や弾道ミサイルだけでなく、宇宙船の開発実績もあるアメリカの巨大軍需企業は、最近ではレーザー兵器の開発も行っており、宇宙ビジネス企業が開発した有人宇宙船や有人月着陸機などにレーザー兵器の装着や軍事用への改良に協力し、2019年12月にアメリカ空軍省内に正式に発足の宇宙軍が扱う兵器となって使用される可能性もある。

（5）浮遊するおびただしい数のスペースデブリ

　これまでに人工衛星は世界で約1.3万機が打ち上げられ、数千機の衛星が稼働している。問題は、宇宙条約第7条と宇宙損害責任条約も関係するスペースデブリ（宇宙ゴミ）である。現在知られている10cm以上の物体（放置された古い人工衛星も含む）が約2万個、1cm以上のものが50〜70万個、1mm以上は1億個を超えるという。大きなものが地上に落下すれば市民生活にも影響が出る可能性もあるが、小さなものでも人工衛星などに衝突すると金属に穴を開けてしまうくらいの破壊力がある。2つの条約の規定は、ある国が打ち上げたロケットや人工衛星などが他国の領土や、稼働している他国の人工衛星などに衝突して被害を与えた際の責任と損害賠

償を明確にしたものである。

　今日では、打ち上げ時の失敗に限らず、スペースデブリと化している人工衛星の一部が稼働中の他国の人工衛星に衝突するだけでなく、大気圏に再突入し、燃え尽きずに他国の領土に落下し、自然環境や人命を脅かす危険が高い。責任と損害賠償の規定だけでは不十分であり、それらスペースデブリによる破壊などの被害を未然に防ぐ処置も必要である。

第10章　現代戦に対する科学者の行動と責任

10.1　はじめに

　科学と科学者のあり方は、その時代の政治的、社会的関係においてただならぬ状態に置かれた。科学的真理の普遍性は基本的に揺るぎないとしても、ガリレイの宗教裁判をあげるまでもなく、当時の支配権力、イデオロギーとの関係で翻弄されたといってもよい。

　科学者のあり方を規定する第一要因は、どのような事柄を対象に研究に取り組んでいるかということである。彼らのあり方を規定する第二要因は、第一要因とも関わって、いかなる職分、組織に属し、どのような社会的立場に立っているかということである。

　本章では、この第二要因に関わって、科学者のあり方はどのような社会的制約を受けるのか、ないしは社会的影響力を行使しうるのかについて、20世紀の二度の世界大戦の戦時期の科学者の行動を取り上げて考える。

10.2　戦争への科学者動員とこれを合理化した思想
——毒ガス戦の中で

　科学と技術が置かれている状況に大きな転機が訪れるのは、20世紀といわれる。一つには世界大戦において科学と技術を軍事に利用するために、これにたずさわる大学や研究所の科学者や技術者が戦時動員された。しかも、その規模は過去の事例をはるかに超えていた。

　このような大規模な戦時科学・技術動員が本格的に行われたのは、第一次世界大戦を契機としている。というのも、前世紀以来相次いで理工系大学や試験研究機関、企業内研究所が創設され、研究開発が盛んに行われるようになった。そして、これらを組織すべく、たとえば、イギリスでは科学・産業研究庁が1915年に設置され、アメリカでは、1863年に全米科学アカデミーが設立されているが、戦争を想定した科学・技術の準備体制を

推進すべく国家研究評議会が設置されるのは1916年である。そして、第一次世界大戦期に戦闘機をはじめとして毒ガス、ソナー（潜水艦の探知）、化学合成物質などの研究や製造が行われた。

　それにしても科学者は、このような破壊と殺戮を目的とした戦争になぜ荷担したのか。端的にいえば、戦争遂行の当局者たちは、戦線の膠着状態を有利に導こうと、科学者たちに戦争を合理化する考え方を説き、その策を講ずるよう動員した。

　ドイツで科学動員に大きな役割を果たした研究機関は、カイザー・ヴィルヘルム研究所（1911年設立）である（**図 10.1**）。ベルリン・ダーレムの同研究所の物理化学研究所長フリッツ・ハーバーは、ガス戦争の開発のために若手の研究者オットー・ハーンを呼び出した。要請されたハーンはその際に、毒ガス戦争を禁止するハーグ条約に違反するのではないかと異を唱えた。だが、ハーバーはフランス軍が先に使ったのだと述べた上で、戦争が早期に終結できれば多くの人命を救うことができるのだと付け加えた。

図 10.1　カイザー・ヴィルヘルム研究所

　確かにフランス軍が先に使ったが、フランス軍が使用したのは催涙ガス

だった。催涙ガスであって毒ガスそのものではないと、逃げ道を見出していたのかもしれないが、催涙ガスでも増量すればその毒性は強い。また、ハーグ条約によれば「窒息させるガスまたは有毒質のガスを散布することを唯一の目的とする投射物」を禁止するとされており、たとえば他の火薬と混在すれば、あるいは散布するだけなら投射にはならないのだとの逃げ口上で、ごまかしの論法をとることもできた。

どちらにしてもこの催涙ガスが契機となってガス戦の応酬となり、次第にエスカレートし、やがて本格的な毒ガスが使用されるようになった。戦争はハーバーやハーンらの思いとは違って、形を変えてかえって悲惨な事態を生み出していった。実際にハーンは前線で毒ガス戦の指揮をし、敵兵を死に至らしめた。その事実は彼をしてその張本人であることを示し、大いに動揺させることになった。しかし毒ガス戦の応酬と毒性のエスカレートのなかで、次第にその使用にためらいはなくなっていった。

本当に人命を剥奪しても平然としていられたのかは分からないが、こうした異常な日常のなかで自らの人間性は破壊されていったのである。前述のハーバーの便宜主義的な論理・態度に、ハーバーの妻は「科学者は平和時には世界に属するが、戦争時には祖国に所属する。ドイツこそは平和と秩序を世界にもたらし、文化を保持し、科学を発展させる国と信ずる」と述べて、夫をいさめたという。これは正当な言葉である。なお、この第一次大戦に見られる便宜主義は、二度目の大戦においても科学者たちの態度を合理化し、戦争協力へと導いたことを付記しておこう。

10.3 ナチス・ヒットラー政権下の科学者の行動の限界と思い

次にドイツでのヒトラー政権の登場と、そのことが科学と科学者にどのような影響を及ぼし、科学者たちはどう行動したのかについて見よう。

そうした事例の最右翼は、「量子力学は非生産的形式主義の産物である」と、現代物理学の成果としての量子力学や相対論を攻撃する「アーリア的物理学」なるものを唱えて、ナチズムの台頭に大いに活躍した科学者たちの存在である。なお、非生産的形式主義とは数学を用いた理論分析のこと

を指す。

　しかし、早期の段階では、彼らの存在は意外とユダヤ人科学者の間でも
好意的に受けとめられていた。核分裂発見者の一人 L.マイトナーもその一
人であった（**図 10.2**）。マイトナーは全国のカイザー・ヴィルヘルム研究所
にハーケンクロイツのナチスの旗を掲げさせた、その強権的支配の前兆を
見逃していた。

図 10.2　マイトナー（左）とハーン（右）

　W.ハイゼンベルクは、量子物理学の建設に大きな役割を果たしたことで
知られる物理学者である（**図 10.3**）。彼は、こうした急変にただならないも
のを感じ、好意的な態度を示したわけではないけれども、そのうちに収束
するのではないかと思い事態の推移を楽観視した。しかしながら、ヒトラ
ーはやがて授権法によって議会を無力化し全権を掌握した。

　ハイゼンベルクやマイトナーは政治的に初（うぶ）だったともいえる。

　M.プランクは、量子論の研究でそのスタート地点を築いた物理学者であ
るが、彼らと同様の認識をしていた（**図 10.4**）。だが、プランクはあるとき
ヒトラーのとんでもない言明を直接に耳にする機会を得た。それは公務員

法のために追放されようとしていた、先の化学者ハーバーの身分を救うべくヒトラーに掛け合った折、ヒトラーは「それなら数年間、科学なしでやっていこうではないか」と言い放った。この根底にはヒトラーの「学問的に不完全でも、肉体的に健康で精神的に強固」であればよいという、科学的教養の価値を無視する基本的態度が見て取れるのであるが、こうした言明を前にして、彼は愕然としたのだった。

図 10.3　W.ハイゼンベルク

図 10.4　M.プランク

　これを機にプランクはヒトラー政権には待避的態度を取る他はなく、すべては将来のドイツに託そうとの考えに思い至った。待避的というと消極的な態度に見えるかもしれないが、これは単に政治を避けて学問に没頭するというような消極的なものとは異なる。ドイツに留まるという点でヒトラーに妥協せざるを得ない面もあるだろうが、将来のために科学を擁護し若い人たちを育てるというもので、ヒトラー政権と一線を画するものであった。

　こうした一線を画する行動には次のようなものもあった。それは、先に触れた「アーリア的物理学」を標榜する科学者J.シュタルクらに対して、客観的真理を追究する研究者として、その正当な態度を守りとおす運動である（**図 10.5**）。その顛末は次のよ

図 10.5　J. シュタルク

うなものだった。シュタルクはユダヤ人を「文化の破壊者」として追放し、彼らを擁護するドイツ人を排除しようと画策した。これに対してハイゼンベルクらは1936年、ヒトラー政権の教育科学省の顧問官メンツェルからの要請という妙な構図であったが、これを受けて人種主義に学問の正当性を見出そうとする「アーリア的物理学」の攻撃によって、ドイツの学術研究が荒廃しかけない重大な危機に直面していることを憂える声明「ドイツにおける理論物理学の現状に関する建白書」を発表した。建白書の反響は大きく、代表的な物理学者75名が賛同している。

　さて、第二次世界大戦の勃発に伴い、ヒトラー政権は1940年3月軍需省を設置した。そして、教育科学省下の帝国研究会議や科学技術院の科学技術開発と、これとは別に進められていた陸軍兵器局のそれとを統括した。英米政府の対応に遅れて始まったこの体制がこうして統括されたものの、それが実効性を現すのはA.シュペールが責任者となって、産業界を国防軍の官僚主義から解き放つとともに、戦争遂行のための科学動員を本格的に進める「総力戦」体制を敷いた1942年以降のことである。教育科学省帝国研究会議と陸軍兵器局の共催の会議が開かれるようになり、その会議において、英米の優位性の危険性と戦争遂行のための科学動員の必要性が指摘された。そして、やがて軍需省は軍備とその生産を立て直すために、1943年戦時生産省に名称変更し再編を行った。

　実は、先のハイゼンベルクは、この頃にはカイザー・ウィルヘルム物理学研究所の所長となり、上述の会議に参加するようになっていた。彼はその会議でどう振る舞ったのか。1942年の会議で核研究関係の事柄が話題となった折、彼は教育科学省の支援の少なさを嘆いた。これに対してシュペールは原子爆弾の実現の可能性を席上問うた。ハイゼンベルクはドイツの場合は経済的に見て困難だが、アメリカは場合によっては二年程度で製造するかもしれないと答えた。そしてシュペールは、要求された要員・資金・資材がたいしたものでなかったこともあって、完成期限を問いただした。これにハイゼンベルクは三、四年は完成できないだろう、と答えた。シュペールはこの戦争に原子爆弾は間に合わないと思い、潜水艦の動力炉にも

なればということで核研究を許可した。その会議で際立ったものは、誘導ミサイル開発（報復兵器 V1、V2）であった。実際、サイクロトンを用いた核分裂実験が行われたのは 1944 年になってからのことである。

　大戦中、戦争遂行上不可欠と見なされれば、ささやかではあるが資金・資材が得られるということで、ドイツの物理学会の評議委員会は物理学の「再生」を図ろうと改革計画を作成したことがある。とはいっても 1944 年の時点での物理科学関係への資金割合は 3%に過ぎず、またドイツの国情は連合軍の主要都市に対する爆撃によってすでに機能麻痺に近かった。

　このような展開を見ると、ドイツの科学動員は十全にはほど遠いものだったというのは行き過ぎた評価かもしれないが、戦後、ハイゼンベルクは政府の責任ある人物に原爆製造を真剣に取り上げるように働きかけはしなかったと語ったのも、こうした対応からすればうなずけなくもない。

10.4　原爆開発と科学者の対応

　この一方で、最終的に原子爆弾を完遂させたのは英米の科学者たちであった。これらの核開発に積極的に関与した科学者は、どのような思いをもって携わったのであろうか。

　アメリカ人科学者の多くは、初期の段階では、原子爆弾完成の実現可能性が小さいことから、戦時使用のより実現性の大きいレーダーの開発研究などに参加した。核研究は優先順位が低かった。こうした事情から核研究に積極的に関与したのは亡命科学者たちであった。レオ・シラードもその一人で、彼は核研究の資金・資材を調達すべく、著名な科学者アインシュタインに賛同を得てルーズベルト大統領に書簡を書き送ったことはよく知られている（**図** 10.6）。ただし、その書簡に書かれている爆弾構想は天然ウランを原料としたもので、物理学的に見て爆発の可能性のないものであった。これに対して爆発可能性のある爆弾構想は、1940 年にイギリスに亡命していた二人の科学者によるものだった。それがフリッシュ・パイエルス・メモとよばれるウラン爆弾構想である。

　ここで興味ある事柄は、そのメモに書かれている次のような記述である。

彼らは、現実的可能性のある爆弾構想を発見し、この爆弾は抵抗不可能で多くの市民を無差別に殺傷しかけないものだとして、実際の使用には不適当な兵器であることを見抜いた。とはいえ、核分裂の発見はドイツ人科学者が先行し、しかもドイツにはハイゼンベルクらの優れた科学者がいることから、ヒトラーが先に手にする恐れを想定した。もしこれが現実になれば、狂気に満ちたヒトラーならばこの爆弾を使用して世界を破滅させかけないと思われた。基本的に彼らは使用にはふさわしくないと考えていたが、ヒトラーに対する恐怖から道徳的な抑制は消えて、ドイツに先んじる必要があるとした。ここには科学者らしい率直かつ的を得た指摘も窺えるが、便宜主義的思考が勝った。

図 10.6　アインシュタイン（左）とシラード（右）

　このように、核兵器のその威力は最初から通常兵器の域をはるかに超えるものであると認識されていた。それは科学者らしい率直な洞察によるものだが、核兵器が防ぎようのない威力を備えていることは、その開発、その使用をめぐって、判断する者のその時の立場・情況によって両極に分かれた。なお、そのことは第二次世界大戦中もそうであったが、今日に至るまで保有する核兵器の削減が一向に進まないのも、こうした性格を核兵器が備えていることに鑑み、この保有に固執する者たちはその抑止力、軍事力をバックとした政治力学に価値を見出しているからである。

　しかし、すべての者がこうした核兵器の性格に翻弄されたのではない。マンハッタン計画に参加していた、ポーランド出身の物理学者 J.ロートブラットは、1944年になってドイツの敗戦が現実味を帯びてきた時期に、諜報機関はドイツ原爆なしと判断をしていることを漏れ聞いた。そしてなお原爆は対ドイツではなくソビエト対策だとの意向を知り、原爆計画から離脱した。

　前述のシラードも、同様にドイツ原爆の可能性がないことを察知し、恐らく残る日本に投下することを推し量った。シラードは当時シカゴ冶金研にいたが、次のようなことをも見通した。実際に原爆が使用されるとなるとその存在は世界に知れわたり、ほどなくソビエトも開発し、やがて核軍拡競争が始まる。それは世界をして破滅的な「力の均衡に基礎を置く武装平和」の一触即発の危機的状態に陥いらせかねない。これを防ぐには対日使用の前に示威実験を行うとともに国際管理システムをつくることが肝要だと考えた。彼はこうした認識から、マンハッタン計画に参加する知り合いの科学者の協力を得て、対日無警告投下反対の請願署名運動を展開した。ただし、この請願書は大統領の下に届けられたものの戦争終了までに読まれることはなかった。

　このように、科学者が破滅からの回避を未然に防ぐべく行動していた頃、当局は当面の原子力政策を協議する暫定委員会を開催し、何とアメリカの優位と対日無警告投下を確認していた。また、これらの科学者の動きが広がって計画が台無しにならないように、当局は原爆計画をその政治的、社会的問題も含め適切に措置しているのだと、各研究所の指導的科学者に配下の科学者の動揺を沈め、異論を押さえて協調させる、寛容と排除・分断の論理で統制した。

　多くの英米の科学者は、軍事統制に嫌気が差していたが、原爆完成の「最後の日々」までに完成しなくてはとの「強迫的なまでの責任感」と科学的な興味も加わって、何かに取りつかれたように取り組んだ。そして、どのみちドイツでなくともどこかの国が開発するという可能性を考えると、アメリカが開発して先に軍事的優位性を確保することが望ましいとも感じ

た。またアジアを侵略した日本の「狂信的な軍部指導者」をだまらせ、早期に終結させることが人的犠牲を減らす最良の道だとも考えた（**図 10.7**）。

図 10.7 アラモゴード砂漠での人類史上初の核実験（1945 年 7 月 16 日）

　科学者たちは軍事的機密保持体制下の情報区分化によって互いに隔絶され、その社会性をもぎとられ、認識は硬直化していた。人々が居住する都市に原爆が投下されたらどういう事態をもたらすかというような検討は遠のき、科学・技術力を注いだ超兵器（軍事力）こそが戦争の帰趨を決着するのだとの軍事的便宜主義に取りつかれていた。

　さて、終戦を迎え、科学者たちは原子爆弾によって戦争を終わらせることができたのだと思い、その威力を自慢したい気分にもかられた。だが、しばらくして自分たちが開発した爆弾によっておびただしい犠牲者が出たとの報に触れて、彼らは原爆計画に関わった過去三年間への後悔の念にさいなまされることになった。実に「世界の破滅」に手を貸したのは他ならぬ自分たちであったことを突きつけられ、その責任の重さを思い知らされた。

　やがてこのことは、科学者たちをしてこれまでの機密主義、すなわち、与えられた各自の任務をまっとうしはしたが、原爆計画の展開については

マンハッタン計画指導部と軍に一任してきたことに重大な問題性があることに思い至り、核研究に携わってきた者としてその論議を始めた。その論議を進めるうちに科学者たちの自発的な集まりの必要性を自覚させ、原子科学者協会の結成へとつながった。その年の11月には、原爆開発に関わった各研究所をたばねる全国組織として原子科学者連盟（アメリカ科学者連盟の前身）が設立された。

10.5 現代戦に科学者はどう向き合うのか
——科学者の社会的責任

物理学者 M.ボルンはアインシュタイン宛の手紙の中で、次のように科学の軍事化の問題を指摘している（**図 10.8**）。「いつも気を滅入らせるのは、私たちの科学を考えたときです。科学それ自体は大変立派なものであり人類の恩人になり得るはずなのに、今はまさに破壊と死のための手段そのものになりさがってしまいました。ドイツの科学者たちのほとんどがナチスに協力しています。ハイゼンベルクでさえ全力をあげてこれらの卑怯

図 10.8　M.ボルン

者たちのために働きました。・・・・イギリス、アメリカ、ロシアの科学者たちがすべて動員されています。そうすることが正義とされているのです。」

ここには戦時において科学と科学者が軍事とは無縁ではいられない、容易ならざる問題が指摘されている。そしてまたボルンの指摘はナチスに協力するだけでなく、これに対峙する連合国の科学者が、結果として科学が「破壊と死のための手段」となることに手を貸していることについても言及している。

もちろん科学者たちとはいっても、政府の顧問や研究所の管理者としてプロジェクト実現のためにその能力を発揮した者、また科学的知見の軍事的利用を積極的に説いた武装平和の論理の立場に立った者たちもいた。

とはいえ戦後、次第に危機的な事態の進行の中で、必ずしも行き違いが

なかったわけではないが、数少なくない科学者が同僚たちと真摯に連携することで核軍拡競争を見通し、戦勝国であれ敗戦国であれ、科学の軍事化はとんでもない事態を引き起こすことを見抜き、世界の人々と連帯し、科学者としての責任をまっとうしようとした。科学者たちの中にはこれまでにない新しい事態を科学的に洞察し難局を切り開こうと、これまでの道を省みて自主的連携組織を設けて、その社会的責任を果たそうと行動する者が現れた。

　こうした行動は何を示しているのか。確かに彼らの知的認識の拠り所は専門性にあり、その社会的帰属性は研究組織にあるのだが、それだけでは足りなかったのである。社会的責任を果たすためには、政治家や組織管理者に任せず、科学・技術の諸問題は社会的にはどのように立ち現れているのかを、人々と結びつきその目線から見ることで、解決の手だてを探る道を歩み出した。

図 10.9　第一回パグウォッシュ会議にて

　一例をあげれば、戦後連合国諸国の政府関係者は原子力の国際管理を実現するべく交渉を開始し、国連にも原子力委員会を設置するまでに至った。実に期待できるスタートであった。だが、その交渉は意外にも早期に決裂した。たとえばアメリカ政府は自国の核優位、核独占を譲らず、情報公開についてもアメリカの意に即した段階的なものであった。こうした事態の

推移を見た科学者たちは、政府間の交渉に期待をつなぐことに見切りをつけ、直接世界の人々に自らの主張を訴えかけていく新しい対応へと転回したのだった。

　世界知識人会議（1948年）をはじめとして世界平和擁護大会（1949年）の開催、また核兵器廃棄を訴えたラッセル・アインシュタイン宣言（1955年）を契機としたパグウォッシュ会議（1957年）、科学者京都会議（1962年）の設置は、そうした科学者の新しい行動であった（**図 10.9**）。

第 11 章 学術研究体制の再編と科学者の役割
— 日本の理論物理学者の行動

11.1 はじめに

　本章では、科学者や学術機関が、戦後日本における研究環境の整備の第一歩をどのように踏み出したかについて取り上げる。特に、科学者のなかでも物理学者、学術機関のなかでも日本学術会議を対象とする。その上で、理論物理学の研究推進の場として、湯川記念館とその後身機関の基礎物理学研究所の設立を、理論物理学者のグループがどのようにサポートしたかを見る。これらの足跡を通して、戦後日本の学術研究の制度がどのように形成されたかという点を考え、また、その形成過程の中に内包されていた学術研究がどうあるべきかという根本的議論について考える。

表 11.1　本章に関連する主な出来事

1945 年 8 月	日本の太平洋戦争敗戦
1949 年 1 月	日本学術会議の設立
1949 年 12 月	湯川秀樹のノーベル物理学賞受賞（受賞の知らせは 11 月）
1952 年 4 月	素粒子グループの発足
1952 年 7 月	京都大学内に湯川記念館創設
1953 年 8 月	京都大学附置共同利用研究所として基礎物理学研究所設立

11.2　日本学術会議の役割

　戦後の社会的混乱のなかで、その後の日本における科学研究の基礎的環境が模索され、一定の方向づけが行われた。この方向づけに関与したのは、学術機関の象徴ともいえる日本学術会議であった。日本学術会議は科学研究費をはじめとして、国際的な学術交流や大学附置研究所の設立勧告など研究者の直接的利害に関与し、科学研究の基盤を整えることに一定の役割

を担った。

戦後、文部省科学研究費の配分を執り行う審査員を推薦するのは、かつ
ての日本学術会議であった。またその配分の基本方針、すなわち重点配分
を行うかどうか、その分野を何にするかなどを答申するのも日本学術会議
であった。国際的な学術交流についても研究者はさまざまな国際的学術組
織に参加できるが、日本の学術組織の国際組織の加盟にあたっては通常、
日本学術会議がその国際組織に加盟し、その加盟分担金等を国費で支払っ
ている。これらの国際的学術組織が主催する国際会議に日本の代表を派遣
する場合には、あるいは国際会議を日本で開催する場合には、日本学術会
議が大きな役割を担うのである。さらに日本学術会議は、特定研究の分野
指定、あるいは学術研究機関の設置、理工系の高等教育の拡充などにも一
定の影響力をもっていた。

このように、学術研究やその行政、学術交流に大きな役割を担うことに
なる日本学術会議はどのようにして形成されたのだろうか。

11.3 戦後の学術界の再編

第二次世界大戦までは、日本の学術界の研究、特に科学研究の方向づけ
に関与した機関は、帝国学士院、学術研究会議（以下、学研）、学術振興会
（以下、学振）であった。帝国学士院は明治時代に創立されて以来、「学者
の養老院と陰口をきかれながらも栄誉ある機関」として存在した。学研は
国際的な学術交流を進めるために第一次大戦後つくられたが、戦争中は科
学を軍事動員するために活躍した。また、学振は昭和初期に財団法人とし
て設立され、研究費を配分する役目を担っていた。

そして戦後、これら学術三団体のうち学振は再び財団法人となり、その
後、特殊法人となり、さらに2003年に独立行政法人となった。学研につい
ては、その機能は戦後、日本学術会議に引きつがれた。学士院は戦後、日
本学術会議に属する栄誉機関となり、その会員も日本学術会議が選定する
ことになった。つまり日本学術会議は、戦後において学研の機能を引き継
ぐ一方で、学士院の上位機関となり、また学振の方針にも参画するように

なった。この再編によって、日本学術会議は旧
学術三団体のなかで唯一、組織的に拡大した機
関となった。

　戦中から戦後への変革期における日本学術
会議の誕生は、明治時代以来のアカデミズム体
制からの「訣別」と関係づけられるという。そ
の「訣別」の構図は、戦後の時点で学士院会長・
長岡半太郎と、GHQ（連合国最高司令官総司令
部）の経済科学局・科学技術部の基礎科学係長
を務めていたハリー・C・ケリーとの二人の会
話から見て取れる。

図 11.2　長岡半太郎

> ケリー：（前略）あなたは科学の組織の機能とは何か考えたことはあるか。
> 　　　　論じたことはあるか。今やそれを論ずべき時だ。世界のどこもでき
> 　　　　ないことを日本はできる。今は絶好のチャンスだ。
> 長岡：学振創設以来、その扱った研究数は約三百になる。これには、そ
> 　　　の時々に国にとって役に立つ仕事はみんな含まれている。
> ケリー：そういうことを言っているんじゃないったら。研究の数や論文
> 　　　　の数じゃあない。それは日本や世界の直面する基本的問題ではない。
> 　　　　問題は研究組織の機能だ。その組織の、他の諸国に、日本人に、世
> 　　　　界に対する責任は何かだ。

　この長岡とケリーの対話がかみ合わなかったのは、二人の間の科学研究
の組織に対する考え方に大きな隔たりがあったからである。長岡は、戦時
中の軍事動員体制によって組織研究を進めようとした学研を批判して、研
究というものは組織や設備よりもまず人なのだとして、個人の発想のオリ
ジナリティを強調した。研究に対する長岡の考え方は、研究は統制しても
「しょうがない」、各自の自発的な創意に任せることが大切なのだという古
典的なアカデミズム科学の理念に沿うものだった。一方、ケリーは日本の
研究者は個人としては有能だが、あまりにも個人主義過ぎて共同して大き

な問題に当ることをしないと考えて、日本の学術界の再編の必要性を感じ
ていた。

　最終的に長岡の考えが後れをとったとはいい切れないが、少なくとも長
岡が会長だった学士院の組織的位置づけは低くなり、戦後の学術三団体の
改編を考える学術体制刷新委員会の中心は、長岡よりもはるかに若いメン
バーが担った。茅誠司（1898-1988 年）、嵯峨根遼吉（1905-1969 年）らが
そのメンバーであった。嵯峨根が長岡の五男であったことは、長岡の息子
世代が改編の中心になったことを表すもので、学術界の牽引役の世代交代
を象徴していた。こうした背景に GHQ の意向が働いたことも見逃しては
ならないが、若い科学者たちが、戦後の学術体制の刷新で活躍し、学術三
団体の戦後の改編を進めたことは確かな事実であった。その結果、学術三
団体のなかで、学研の機能を引き継いだ日本学術会議が戦後の学術行政の
中心となったのである。

11.4　日本学術会議と共同利用研究所の誕生

　日本学術会議は 1949 年 1 月に設立された。日本学術会議の初期の主な仕
事は、日本学士院と日本学術会議の関係にかかる実務的な規定の検討や関
係幹部の訪米視察、国際学術会議への日本人研究者の参加の先鞭をつける
こと、そして戦後の行政機関の混乱にあって、国立の試験研究諸機関の整
備・統合・拡充について政府に要望を示すことであった。具体的には、工
業技術庁の存置をはじめとして国税庁醸造試験所の廃止反対、衛生博物館
の設置、国立癩病研究所および温泉研究所の設置などの勧告を行った。

　このように、日本学術会議は設立当初から科学研究のための環境整備に
着手した。そのなかで最も初期の顕示的な成果は、湯川のノーベル賞受賞
に関わる国家的事業の実施案に基づく、京都大学の湯川記念館の創設、そ
の後身機関の基礎物理学研究所（以下、基研）の設立に向けた関連事業で
あった。

　基研設立の目的は、日本初の全国共同利用研究所という制度のもとで、
全国の理論物理学者が京都大学附置の当該研究所を利用して研究できるよ

うにすることであった。このような共同利用研究所構想が実現するには、日本学術会議の協力が不可欠であった。特に、日本学術会議内の原子核研究連絡委員会の存在は大きく、この委員会の協力なしには基研の設立はあり得なかったといえよう。

　さらに、基研の設立は一つの研究機関の創設だけにとどまらない大きな意味をもたらした。基研設立がきっかけとなり、国立学校設置法において共同利用研究所の設置が認められ、それ以降、原子核研究所などの新たな共同利用研究所の設置が、日本学術会議によって勧告されるようになったからである。この展開は、科学研究者にとって新しいタイプの研究制度や新しい枠組みを形づくるものだった。

11.5　湯川記念館・基礎物理学研究所設立の原点とそのモデル

　続いて、戦後日本の科学研究や科学組織にとって、象徴的存在だった日本学術会議と基研がどのように関わり合っていたかという点を見るために、基研設立前後を詳しく振り返ろう。

図 11.3　湯川記念館

図 11.4　湯川記念館前の湯川秀樹の胸像

　基研の設立は、1949 年、湯川秀樹（1907-1981 年）がノーベル賞を受賞

し、その授賞を記念する湯川記念館の創設（1952年）に端を発する。湯川の受賞の知らせは1949年11月3日夜に日本に入り、その報告を受けた当時の京都大学総長・鳥養利三郎（1887-1976年）は何らかの記念事業を起こすことを考えた。これが、湯川記念館、続く基研の設立の原点である。

その後、鳥養総長は、京都大学理学部教授の荒勝文策（1890-1973年）に事業内容を考えるよう指示し、荒勝を通して同大教授の小林稔（1908-2001年）もそれに加わった。荒勝・小林が考えた案は研究所構想であり、その内容は占領期日本で禁止されていた原子物理学の実験部門を併設しながらも、理論物理学を中心とする6－7部門の理論部門を備えた研究所であった。またその研究所のイメージは、湯川や朝永振一郎（1906-1979年）の招聘されたプリンストン高等研究所に近いものであった。

基研がプリンストン高等研究所をモデルとしたことは、湯川の鳥養総長宛の書簡（1950年6月10日付）にも記されているが、次の朝永の言葉によって端的に表現されている。

> 湯川記念館の設立にあたってモデルになったのは、プリンストンのInstitute for Advanced Study でした。絶えずいろいろな人を集めてアイディアの交換をするということに目標をおきました。というのは、今までのやりかたではどの研究室でも創立後十年間くらいは生き生きしているが、それ以上になるとだめになってしまう例が多いのです。プリンストンの研究所のねらいはいつもフレッシュな流れを送って、フレッシュな空気をもった研究所にしておこうというわけです。

プリンストン高等研究所は、朝永の言葉（1952年当時）を借りれば、次のような特徴をもっていた。

> 研究所が部門から出来ている点、日本の研究所と同じである、などと言ってはいけない。この部門の人員構成は、日本の研究所の部門のそれと全くちがうからである。それは、いずれの部門でも所員の大部分が毎年流動するという点である。所員の数は年によって多少変わる

が、たとえば 1949 年度の場合を見ると、School of Mathematics の所員のうち固定所員 12 名に対し、その一年かぎりの、あるいは、二年かぎりでそこに属するような流動的所員が 55 名の多数である。さらに、School of Mathematics のうちの理論物理学に属する方だけをみると、固定所員 3 名に対し、流動所員 30 名である。流動所員の所属期間は一年ないし二年であるから、その顔ぶれは毎年毎年変わっていく。

　朝永が注目した点は、固定定員が少なく 1、2 年で入れ替わる流動定員がほとんどで、常に新しい人が流れ込んでくる高等研究所の環境だった。その研究所に滞在経験のある湯川・朝永は、京都大学に新しい研究所をつくるならば、高等研究所の特徴を研究所案に導入したいと考えていたのである。湯川記念館・基研の構想はプリンストン高等研究所をモデルとした面を初期段階からもっていた。

図 11.5　プリンストン高等研究所の講堂（Fuld Hall）

11.6　素粒子論グループの新しい研究制度への働きかけ

　一方、初期の記念館・基研構想と離れたところで、これらの施設の設立に大きな役割を果たす素粒子論グループが活発な動きを見せていた。素粒子論グループというのは、戦前・戦中に湯川を中心とする関西グループと、朝永を中心とする東京グループとが、素粒子研究で交流し形成した中間子討論会を出発点として、戦後になり素粒子論研究を専門とする若手研究者たちが、苦しい研究環境のなかで全国的に連携し合えるようにつくられた

ネットワーク組織である。

　素粒子論グループは 1948 年 10 月から『素粒子論研究』という討論予稿をつくり、東京大学の中村誠太郎（1913-2007 年）、京都大学の井上健（1921-2004 年）らがその発行を支えた。この戦前・戦中・戦後の激動を乗り越えてきた彼らの前に、全面的に彼らが関与できる施設、湯川記念館の計画が現れたのである。

　湯川記念館の発案・計画・創設、そして基研設立が実現された時期は、1949 年から 1953 年にかけての朝鮮戦争やサンフランシスコ講和条約など、日本社会の回復にとって重要な出来事が連続して起こった時代であった。しかし、未だ日本の経済状況が良くなる時代ではなかった。1951 年 1 月 16 日の『毎日新聞』には、「科学者の悲鳴」というタイトルの記事が載っている。「もう売払うべき物もない。食費と医療費に追われ研究は全く進まない」という大学に所属する研究者に対する日本学術会議の科学者生活擁護委員会の調査結果の一部が紹介され、収入の 8 割以上が食費に消えて、研究にかける費用などない研究者が多くいることを物語っていた。

　京都大学の小林稔も、湯川がノーベル賞を授賞した 1949 年を回想して、「当時は敗戦直後の混乱がまだ続いていており、街には闇市がならんでいて、みんなはまだ食べることに精一杯という時期」で、経済的な苦境は、科学者にとっても大変なものだったと語っている。だが、小林は次の点も加えた。「しかし、敗戦にうちひしがれた国民全体が、これからの日本はどうあるべきかということを真剣に考えはじめたころでもあった」。さらに、「今後のわが国のあり方を模索するなかから、政府をはじめ一般国民のなかからわが国は今後文化国家として立つのだという声が次第に高くなり、学術の振興を何よりも優先すべきであるという考え方が国全体に広がりつつあった」と述べている。小林の回想が示すように、

図 11.6　『素粒子論研究』の表紙

湯川記念館の創設前後の時代には、経済的に苦しいながらも、文化国家や学術の振興をもり立てようとする空気がただよっていた。

このような環境下で、理論物理学の若手研究者を主とする素粒子論グループは、自らの手で状況を打開しようと試みていた。彼らは、素粒子論グループが固有に抱える問題にも立ち向かわなければならなかった。戦中までの素粒子論研究者は 20 人前後だったが、戦後になり 100 人を超える数となり、一方で素粒子論は歴史の浅い分野ゆえに、それを専門とする大学教員がほとんどいなかった。たとえ新制大学の充実によって大学に就職できる若手研究者が多数現れたとしても、大学研究者の経済的困窮、専門研究者の地理的な拡散状況などがあり、グループ間のネットワークはなお一層拡充される必要があった。こうした課題を解決すべく、1952 年 4 月に素粒子論グループは、流動的ながらも事務局を京都大学に置いて、『素粒子論グループ事務局報』（以下、事務局報）を発行する正式な組織体となった。

『事務局報』の第一号（1952 年 4 月 19 日発行）には、1952 年 4 月 3 日開催の懇談会の議論内容が載っている。また『基研案内』（1958 年）には、以下のように、その内容が端的にまとめられている。

> (1) 素粒子関係の各研究室間の連絡を一層強化し、情報と意見を交換して研究体制を改善するために定常的に活動する。(2) それに必要な事務を行うため中央連絡係（事務局）を置き、それが各地区の連絡係と絶えず連絡する。(3) 具体的に行う仕事として、(i) 文献等学術情報の速かな交換、(ii) 武者修行の実施、(iii) ポストの公開（公募制）、(iv) 研究者の世論をまとめ各種委員会に意見具申、が主として挙げられた。特に記念館に関しては、共同利用の実を徹底させることを要望すると共に、(a) 文献情報を出し、複写の世話をする、(b) 研究者の交流のために活用する、こと等が提案された。さらに、小研究機関の充実、無給者の問題、人事の交流や年期制（任期制：引用者）等が討論された。

実状を改善するための研究者・研究室間のネットワークの強化、「武者修行」といった研究者養成や交流を促す研究制度の拡充をうたうなかに、「特に記念館に関しては、共同利用の実を徹底させることを要望する」と、記念館の「共同利用」化案も提示されている。この文面からもわかるとおり、素粒子論グループは、1952年7月に創設される湯川記念館を、自らの組織体の一部としてみなし議論を進めていた。

11.7　湯川記念館創設、そして基礎物理学研究所設立へ

　素粒子論グループは、外から湯川記念館創設を眺めていたわけではない。素粒子論グループは、当初から、湯川記念館、基研と深い関係をもっていた。湯川記念館の設立主旨にかかる湯川のノーベル賞受賞は、素粒子研究の成果であり、当の湯川は1948年9月以降アメリカへ移っていたが、他の素粒子論研究のリーダーたち、朝永（1949年8月-1950年7月はプリンストン高等研究所）、坂田昌一（1911-1970年）、武谷三男（1911-2000年）、小林稔らは日本で活躍していた。1950年前後には、武谷を除く各リーダーはすでに大学教授となり、特に小林は湯川記念館案のお膝元の京都大学物理学教室の教授であり、日本学術会議のメンバーには、湯川、朝永、坂田、武谷が選出され、同会議の原子核研究連絡委員会には、委員長に朝永、委員として坂田、小林らがいた。

図 11.7　1957年頃に撮影された湯川秀樹（中央）、朝永振一郎（左）、坂田昌一（右）

　京都大学や日本学術会議、同会議の原子核研究連絡委員会（以下、核研連）と当初から関係の深い素粒子論グループは、京都大学側の湯川記念館計画を核研連に公開し意見を求めることや、核研連を通して素粒子論グループの施設の利用方法に関する意見を、京都大学案に反映させることを陰に陽に働きかけた。京都大学の研究所でありながら、同大学以外の全国の大学関係者が利用できる共同利用研究所を実現させる際にも、朝永や茅誠司らが、日本学術会議の理学部門の代表として文部省と折衝し、湯川記念館（その後、基研へ）の管理形態の話し合いがもたれ、最終的に共同利用研究所という形に落ち着いた。共同利用研究所構想には、京都大学にとって大学自治の原則に抵触する問題があり、同大側から多くの異論が出されていたが、素粒子論グループ・核研連の両方に身をおく同大教授の小林らが仲立ちをして京都大学側と調整をつけることができた。

　湯川記念館設立の過程は、素粒子論グループの意向が京都大学、日本学術会議、核研連などを媒体として公式の手続きにのり、彼らの意見を反映するように進んだ。最終的に、同記念館は1952年7月に京都大学内に設立された。

　湯川記念館の開所式は、湯川秀樹が一時帰国し行われ、その後、若手研究者を主体とした「夏の学校」が開催された。同記念館が「夏の学校」参加者の旅費の一部を負担するなどしたが、実際には「夏の学校」は素粒子論グループの開催であった。同記念館のオープニング・セレモニー的催し物に、素粒子論グループの「夏の学校」があてられたことは、同記念館での彼らの高い位置づけが顕示されていた。この学校には若手を中心に250名ほどが参加し、「基礎物理学研究所の歴史」には「全国の同年代の若手研究者と過した2週間は大変刺激的であった」という参加者の回想が紹介されている。この「夏の学校」は、「学校」とよばれたが、内容は第一線の研究の発表という色彩が強く、共同利用の研究会の原型がここで誕生したといってよい」ものだった。

　専任の教授職を置くためには、「研究所」でなければならないという文部省の方針に従い、湯川記念館は、1953年8月に基礎物理学研究所となって

再出発することになった。同記念館を出発点とした基研の特徴的制度には、共同利用研究制度、任期制、研究会制度などが挙げられるが、前述したように共同利用の精神は、湯川・朝永のプリンストン高等研究所をモデルとする考えを取り入れながら、全国的なネットワークをもつ素粒子論グループの強い意向で実現に至っていた。また長期・短期などの研究会も、原点は「夏の学校」といわれ、そこにも素粒子論グループの活動が深く関わっていた。さらに、任期制も若手研究者の「突き上げ」により、朝永や坂田らはためらいながらそれを認めて、採用されるに至っていた。

　このように、基研の設立をめぐる議論、基研を特徴づける研究制度は、素粒子論グループの考えや活動に帰するところが多かったのである。だが、忘れてならないのは、京都大学や日本学術会議、核研連といった既存の機関での議論を通して研究施設や研究制度が実現されているのであり、各方面からの協力なくして基研の制度的枠組みは実現化できなかったという点である。戦後勢いのある素粒子論グループが関与していたとしても、その関与だけでは基研設立は不可能であっただろう。学術振興を支援しようとする国全体の当時の雰囲気と、理論物理学者たちの働きかけがうまく共鳴することで基研設立が成功したと見るのがよいであろう。

11.8　基礎物理学研究所の制度とその後の共同利用研究施設の形成

　基礎物理学研究所の共同利用研制度は、原子核研究所をはじめとする他の大学附置共同利用研究所の先駆的事例となり、後の同タイプの研究所の数は一時期 30 ヶ所を超えた。これらの機関構想の流れは、その後、大規模な施設設置を必要とする研究所の趨勢のなかで、大学から独立した大学共同利用機関も生み出し、1971 年に第一号の高エネルギー物理学研究所が設立され、同タイプの研究所の数は一時期 15 ヶ所を超えた。上記機関は、現在、研究機関の再編を経て、「共同利用・共同研究拠点」「大学共同利用機関法人」として存続し、国内・国外の重要な研究拠点になっている。

　基研の研究会制度は、その後、長期・短期研究会や短期滞在型の研究員制度を生み、生物物理学や天体核物理学など境界分野の国内の研究グルー

プ形成につながった。また、基研で積極的に導入された、教授・助教授（または准教授）・講師・助手すべてを対象とする任期制は、後の講師や助手を主な対象とする任期制とは部分的に異なるが、現在一般的になりつつある任期制の源流の一部に基研の任期制があったと見ることができる。さらに、基研の運営は、京都大学以外のスタッフが半分以上を占める方式をとるが、その方式も国内の共同利用研究施設の運営に影響を与えている。

図 11.8　つくば市にある高エネルギー加速器研究機構
（旧高エネルギー物理学研究所を含む）

　基礎物理学研究所は設立された後、素粒子物理に加え、宇宙物理や統計物理などを含めた理論物理学の研究所となり、国内外の理論物理学研究のメッカともいうべき研究拠点となった。だが、基研の設立に関わった素粒子論グループやそれとメンバーの重なる日本学術会議は、理論物理学にとどまらない、日本の学術研究全体の環境整備を進めることに貢献した。これらを成し遂げた原動力は、戦後日本における文化国家を目指して学術の振興を支援しようとする国全体の雰囲気に助けられながら、研究環境の改善や既存の保守的な大学運営に異を唱える戦後の若手科学者たちの素粒子

論グループにあったといえよう。ただし、彼らの実現した研究システムが
その後の時代にも最良なものであり続けたかは、今後、歴史的に検証され
なければならない。

第12章 「世界的競争」と科学・技術政策の動向

12.1 はじめに

　近年、国家競争力としての科学技術開発・学術研究体制の再編を企図する政策化が展開している。こうした競争力政策がとられるようになった根源的契機は、1970年代以降の資本主義の構造的危機の深まりを出発点としていると考えられる。ドルショック、オイルショックはそれを象徴する経済的現象であるが、これ以降アメリカ経済はその国際的地位を相対的に低下させた。そして、アメリカ政府はこの危機を競争政策で克服しようと、1979年「産業技術革新政策に関する教書」を発表するかたわら日本研究を進め、1985年アメリカ大統領産業競争力諮問委員会はその検討の帰結として、ヤングレポート『世界的競争 ―新しい現実』をまとめている。

　本章では、このような根源をもつ競争力政策について、日本の科学・技術政策の動向を取り上げ、その特徴を分析し、科学・技術政策のあり方について考える。

12.2 日本の国際的指標の低下と競争力政策への転換

　このような政策的対応は日本も例外ではなかった。事実、日本政府は1981年、第二次臨時行政調査会を設置し、科学技術行政を重視する総合安全保障政策を説いた。これに続く臨時行政改革推進審議会（1983年設置）は科学技術分科会を設け、科学技術を技術立国の活路を開く手だてとして位置づけて、産学官連携や研究開発管理を重視する科学技術政策を提起している。これに連動してこの時期以降、日本学術会議の改組（1985年）や臨時教育審議会の最終答申の発表（1987年）、大学設置基準の大綱化（1991年）など、学術と教育の制度変更が実施された。このように科学・技術や学術の部面でさまざまな政策的措置がとられた。

　とはいえ、日本において「科学技術立国」路線の競争力政策が本格化す

るのは、1990 年代半ば以降である。1995 年に策定された科学技術基本法、翌年から始まる第一期科学技術基本計画、さらには 1998 年の大学等技術移転促進法の法制化等、矢継ぎ早に新たな政策が提示された。

　このような政策的対応は、政府だけでなく経営者団体においてもとられた。経営者団体は、バブル経済崩壊後の急激な円高、製造業・金融市場などの空洞化と雇用不安に対応すべく、当初は規制緩和、内需型経済への転換、新産業・新事業の創成、創造的人材の育成などの優先順位で説いていた。この方向性は、1997 年の旧・経済団体連合会（以下、経団連と略す）の提言「わが国の高コスト構造の是正 ―新たな経済システムの構築を目指して―」や、1998 年の「産業競争力強化に向けた提言」においても、その筆頭に「高コスト構造」の解消が提起されているように、バブル経済崩壊から数年経過しつつも依然として過剰生産構造を含むリストラ対策を最優先事項としていた。

　このような産業政策に変化が現れるのは、1999 年に総理府に産業競争力会議が設置されてからである。政策化のキーカテゴリー「新産業・新事業の創出」は当初、「既存産業の活性化」、「リーディング産業の育成」の後塵を拝していた。だが、同産業競争力会議（1999 年 3 月～2000 年 5 月）で産業技術戦略や産業技術力の強化が「創造的人材の育成」とともに話題となり、2000 年 4 月「産業技術力強化法」が制定されるや、にわかに筆頭に浮上してきた。同法律では、コスト低下、品質改善を進める技術革新（プロセス・イノベーション）だけではもはや対応できず、新事業・新市場を創出するための技術革新（プロダクト・イノベーション）を可能とするような技術開発体制を構築することが目標とされたのだった。

　このような経済界における政策転換への背景は、どこにあったのだろうか。もちろん、前述のように「高コスト構造の是正」が一段落したこともあるが、1990 年代以降の日本の経済や学術分野の国際的評価が下げ止まらない現実があった。国際経営研究所 IMD（本部：スイス）の競争力の総合ランキングによれば、日本は 1990 年代初めには 1 位であったが、1990 年代半ば以降順位を下げ、1996 年は 4 位であったものの 1997 年には 9 位、

1998 年には 18 位まで滑落した。また OECD 内のハイテク産業輸出占有率は、1992 年の 20.6％から 1996 年の 17.1％、1998 年には 13.1％に落とした（図 12.1）。

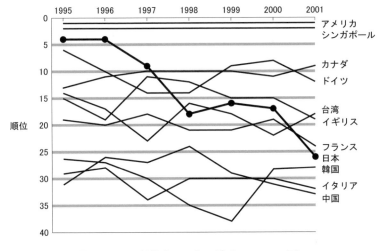

図 12.1　IMD 競争力ランキング（1995-2001 年）
出典：IMD 世界競争力年報より

　また、これらの政策展開のバックグラウンドには、日本の「知識基盤」が国際的に見て相対的に劣位に位置していることもある。研究成果の実力・注目度の指標である論文の相対被引用度（2000 年）は、日本：0.84 に対して、アメリカ：1.50、イギリス：1.36、ドイツ：1.21、フランス：1.06 である。これに対して、欧米と比肩ないしは凌駕しているのは特許登録件数である。2000 年のそれは、日本：18.6 万件、アメリカ：18.4 万件、イギリス：2.4 万件、ドイツ：7.7 万件、フランス：3.6 万件である。これらの科学・技術指標の数字は何を示しているのか。それは、日本の科学・技術は特許などの実際的な応用開発場面では優位にあるものの、論文の引用度などの創造性が問われる基礎的な研究が問われる場面での弱さを示している。

　こうした事態を何とか打開するために、科学・技術開発と学術制度の改

変を促す競争政策が策定され、その上で科学・技術と学術とを日本の産業
経済に寄与させようとしたのである。

その競争政策の政策的措置とは、どのような特徴を備えたものだったの
か。

12.3 「人材」「知」に焦点化した「知識基盤」強化の立国策

前述の産業技術力強化法が制定されることになった 2000 年 3 月、経団連
は「グローバル化時代の人材育成について」と題する提言をまとめている。
そのなかで、これからの人材の能力として問題解決能力、コミュニケーシ
ョン能力、英語力、情報ネットワーク活用能力などの基礎的能力の育成だ
けでなく、プロ意識の育成や国際的に通用する能力、指導的立場に立つ人
材には哲学を含む幅広い高度な専門的教養・能力の育成が必要であると説
いている。

これを受けて、文部省大学審議会は 2000 年 11 月、「グローバル化時代
に求められる高等教育の在り方について」と題する答申をまとめ、「高等
教育制度の国際的な整合性を図り、教育研究のグローバル化を推進すると
ともに国際競争力を高めること」が重要であるとした。それより以前の
1998 年 10 月に、文部省は「21 世紀の大学像と今後の改革方策について ―
競争的環境の中で個性が輝く大学―」と題する答申をまとめ、「世界的水
準の教育研究」をうたい全体的方向を示したが、前述の大学審議会答申は
より具体的な改革方向を示したものとなっている。

こうした方向を後押ししたともいえる動きが、それに先立つ 2000 年 4
月の東京で開催された G8 教育大臣会合である。そこでは「伝統的な工業
化社会から顕在化しつつある知識社会へ」の認識が示され、国際競争力の
一つの核として「知の拠点」たる高等教育・研究機関を明確に位置づける
ことの重要性が打ち出されていた。

ついで、省庁の再編を受けて文部省は科学技術庁を吸収し文部科学省と
なり、学術審議会は科学技術・学術審議会に衣替えし、そして同審議会は
2001 年 10 月人材委員会を設置した。ただこの再編で一言指摘しておかな

ければならないことは、表向きは科学・技術と学術とが併存する形となっているものの、実態はどちらかといえば科学・技術開発重点の政策的措置がとられるようになったことである。

さて、この人材委員会は 2002 年 7 月一次提言「世界トップレベルの研究者の養成を目指して」、ついで 2003 年 6 月二次提言「国際競争力向上のための研究人材の養成・確保を目指して」、そして 2004 年 7 月三次提言「科学技術と社会という視点に立った人材養成を目指して」をまとめている。

これらの三つの提言は、一つには、科学技術創造のエリート、ならびに知の活用を行う多様な科学者・技術者・支援者等を養成すること、二つには、これまで技術移転機関 TLO などの組織を設立してきたが、これからは科学・技術の組織的な活用を促進するためのシステムを支える人材が不可欠であると見て、産官学連携推進のマネージメントや市民とのコミュニケーションを進める人材を養成すること、三つには、知の創造だけでなく知の活用とその社会的還元を実行するシステムを形成するとともに、その担い手を養成することにまで裾野を広げた内容となっている。このように科学・技術・人材を三つの階層としてとらえ、小中高の青少年を含む次世代の科学・技術を担う人材養成の施策を提示した。

なぜ、このように科学・技術・人材の養成を説くのか。それは科学・技術・人材がますます足りなくなるということに発している。次の数字に示されるように、この数十年の日本の研究者数は、1970 年に 17.2 万人であったものが、1980 年は 30.5 万人、1990 年は 56.0 万人、2002 年には 75.6 万人と右肩上がりに増加している。現状の数字はかなり高水準に達しているともいえるが、将来的には電気・通信やバイオ関連等の先端科学技術分野で不足するとの指摘がなされている。しかもなお、少子高齢化社会を迎え、18 歳人口は現在の 150 万人から 2020 年には 120 万人へと減少し、次世代人材の母体となる人口が狭まる。このままでは研究人材は頭打ちどころか減少しかけない。

また、研究人材の質的問題にも発している。実は日本の大学院生数や学位取得者数は欧米先進諸国に比して相対的に少ない。各国の調査年度は相

前後しているが、大学院生の学部生に対する割合は、日本は近年の大学院の拡充を反映して 1998 年：6.9%、2000 年：7.7% と増加傾向にあるものの、アメリカの両年度の数値は 11.9%、12.1%、イギリスのそれは 15.3%、15.0% と欧米先進国のその数値は高く、水を空けられている（**図 12.2**）。

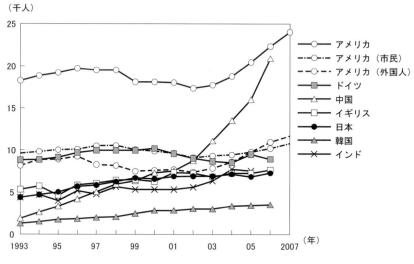

図 12.2 主要国における自然科学系の博士号取得者数の推移

出典：科学技術白書 2010 年版

　世界の各国の青少年・市民を対象とした科学リテラシーの国際調査でのその国際的指標の問題もある。すなわち OECD の生徒の学習到達度国際調査（PISA2003）や同加盟国の一般市民の科学リテラシー調査、および国際教育到達度評価学会（IEA）の国際数学・理科教育動向調査（TIMSS2003）によれば、日本の青少年の理科等の学力は従来に比して相対的に下がってきている。

　競争力政策の一つとして科学・技術・人材の育成、いいかえれば「人材」と「知」がにわかに焦点化されたのには、このような見過ごすことのできない状況があるからである。

12.4　第一期から第三期にかけての科学技術基本計画の特徴

　次に、これまでの日本の科学技術政策の特徴について示す。第一期科学技術基本計画が策定されたのは 1996 年のことであるが、そこでの眼目は、端的にいえば、バブル経済崩壊後の民間の研究開発投資の減少を補填すること、ないしは老朽化した研究環境を整備すること、また新たな研究開発システムを構築するための制度を改革し、それを実行するための予算的措置すなわち政府研究開発投資を拡充することにあった。

　第二期科学技術基本計画（2001〜05 年度）はこうした段階を超えて、より具体的な戦略目標を掲げ、科学・技術の成果の創出・活用を推進する「科学技術システム」を企図した。より具体的にいえば、「我が国が目指すべき国の姿と科学技術政策の理念」として「知の創造と活用により世界に貢献できる国」、「国際競争力があり持続的発展ができる国」、「安心・安全で質の高い生活のできる国」の三つの理念を上げ、「国家的社会的課題に対応した研究開発」の戦略的重点化、特に基礎研究の推進とライフサイエンス、情報通信、環境、ナノテクノロジー・材料の四つを重点推進分野とし、加えてエネルギー、製造技術、社会基盤、フロンティアの四つを推進分野としている。この政策化は経団連の望むところとは多少異なっているが、1999年 11 月の経団連の政策提言「科学・技術開発基盤の強化について —次期科学技術基本計画の策定に望む—」の提言内容を取り込んでいる。

　第三期科学技術基本計画（2006〜10 年度）の特徴は、第二期の三つの理念、戦略的重点化の推進分野を引き継いで、科学技術システム改革の一層の推進を説いているところにある。そして、それはこの間の政策展開を反映し、知財政策を含む人材養成・教育制度改革に大きな紙幅を割いている。人材育成政策の検討は前述の通りであるが、知財政策についていえば、国際的なプロパテント政策を受けて、総合科学技術会議に知的財産戦略専門調査会を設置し、その検討を積み重ねてきた（2002 年 12 月、2003 年 6 月、2004 年 5 月、2005 年 5 月）。

　もう一つの特徴は、先に触れた「科学技術システム改革」の推進にある。すなわち、第二期では既存の研究開発システム、また既存の知的・人的資

源に主に依拠した政策化であった。これに対して第三期は、知の創造のために働く人材、知的成果によるイノベーションが前面に出ている。その点で目につくのは「イノベーター日本」なる表現であるが、これはアメリカのパルミサーノ・レポート「イノベート・アメリカ」（2004 年 12 月）、これをまとめたワーキンググループの議論に触発されたものといってよい。また、このような科学・技術開発を起爆剤としたイノベーションの考え方は、OECD 科学技術政策委員会の論議にも後押しされたものである。というのはOECDの科学技術政策委員会は、1999 年 6 月の閣僚級会合で「技術革新能力の向上」、「知識基盤社会に向けた科学技術政策のあり方」などを今後の検討課題とし、2004 年 1 月に開催された同会合は「科学とイノベーションの連結」、「科学技術分野における人的資源」などの話題を中心に協議している。

12.5　国家競争力として知的人材と科学・技術政策の競争化

　ここで指摘しておかなければならないことは、かつての競争力概念は、産業や製品、労働生産性であった。だが、近年ではどれだけ次世代を切り拓く科学・技術を開発しうるかということが焦眉の課題となり、知的創造性を生み出す人材が国家競争力の要として位置づけられるようになってきている。いいかえれば、創造的な「知」と「人材」を確保し、イノベーションを絶え間なく巻き起こすことができるか否かが、その国の行く末を決定するとの認識となっている。そしてなお留意すべき事態は何かといえば、このことが国際的に共有され、どれだけ他国をしのぐ斬新な科学・技術政策を止めどなく策定しうるかという、その競争化となっていることにある（図 12.3）。

　このような競争化の先陣を切ったのはもちろんアメリカである。冒頭で紹介したヤングレポートがその象徴的存在であるが、以来多くの政策提言がまとめられてきている。その 21 世紀に入っての代表格は、先に触れた 2004 年の競争力評議会によるパルミサーノ・レポートである。その具体的内容を端的に示せば、第一は科学・技術・人材、次世代イノベーターの育

成策、第二は先端研究、アントレプレナー経済の活性化策、第三はイノベーション戦略支援の国民的コンセンサス形成、知財政策、製造業のその能力の強化策などで、その特徴は何といっても科学・技術政策をイノベーション創出政策との関係で打ち出したことにある。そして研究開発関連予算の倍増、ハイリスク研究の拡充、理工系人材の育成、研究開発システム改革など、同国の科学技術開発システムの押し上げを説いている。

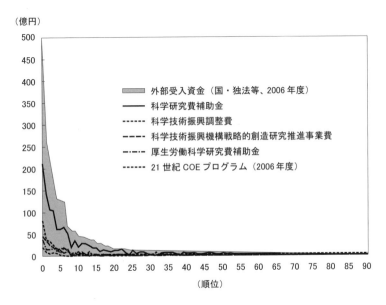

図 12.3　日本における国等から国立大学法人等への
競争的資金の配分／2007 年度

出典：科学技術白書 2010 年版

また、2005 年には全米アカデミーズ設置の「21 世紀のグローバル経済における繁栄に関する委員会」の報告書「強まる嵐を越える」（通称オーガステイン・レポート）は、中国やインドの台頭によってアメリカの競争力が相対的に低位となったことが指摘され、これを克服するためには、小中高の科学・数学教育および理工系高等教育の充実、あるいは理工系研究の強化、イノベーション環境の整備など、刷新していくことが欠かせないと

記している。そして、これを受けて 2006 年の大統領の一般教書ならびに
2007 年の予算教書において、アメリカのイノベーション基盤を高めるため
の統合的政策「アメリカ競争力イニシアティブ」が発表されるに至った。

　EU 諸国でもこれに類した動きがある。イギリスでは 2007 年貿易産業省
の科学・イノベーション庁と教育技能省の高等教育・技能部門とを「イノ
ベーション・大学・技能省」へと統合し、人材育成と科学技術開発、イノ
ベーションをより効果的に進める体制へと再編した。また、フランスでは
2006 年、研究の効率と国際競争力を高めようとのフランス研究計画法が制
定され、ドイツでも同年、研究開発ならびにイノベーションを推進する包
括的な戦略を企図する「ハイテク戦略」が制定されている。

　次にアジアに目を移せば、中国の「国家中長期的科学技術発展計画
(2006-2020)」、インドの「科学技術政策 2003」など、科学・技術開発、
人材育成、イノベーションを軸に科学・技術政策が同様に競い合いの状況
となっている (**図 12.4**)。

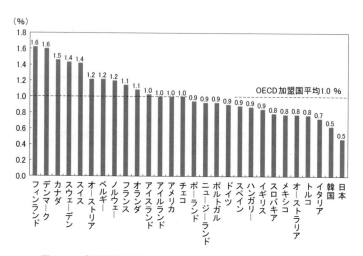

図 12.4　高等教育機関への公財政支出の対 GDP 比／2006 年

出典：科学技術白書 2010 年版

　それにしてもこれらの政策はなぜこれほどまでに競合し、内容面でも符合するのか。一つにはBRICsの台頭に象徴されるように、経済の国際化は先進国対途上国というような図式を越えて新しい競合化の段階へと進んでいることにある。すなわち、この事態は為替変動や労務コストなどの競争条件ともからみあっているが、先進国の多国籍企業の東アジア市場への進出は、工程間分業の国際化を一層促進し、途上国を含め技術の平準化を進め、競合化を新しい段階に高めている。その結果、自動車や家電などの耐久消費財においても優劣を付けがたくなってきている。そうした事態のなかで、各国が自国優位を獲得すべくより創造的な研究開発体制を築こうと競い合っているからである。また、二つには、これまでの技術開発のあり方では足りず、技術の高度化に対応するには画期的な技術シーズを生み出す研究開発を行うことが欠かせず、次世代の産業製品の企業化をねらう経済産業界はそれぞれ政府と連携してこれを実現すべく躍起になっているからである。三つには、その際の科学・技術開発は基礎的になればなるほどハイリスクな性格をもち、民間企業はそのリスクを回避しようと国家の資金的支援と人材を含む公的な研究体制をあてにその競争力を補完しようとするからである。

12.6　「研究開発力強化法」の制定
——科学技術開発システムのあり方をめぐって

　既述のように、科学・技術政策は人材と知への焦点化だけでは足りず、イノベーション政策を付加した。しかし、なかなか実効性がない事態があるとみて、今度は公的研究機関の組織制度の問題へと入ることになった。それが2008年6月の「国立大学、独立行政法人」を対象とした「研究開発システムの改革の推進等による研究開発能力の強化および研究開発等の効率的推進等に関する法律」の議員立法による法制化である。

　この立法化は、依然として日本の国際競争力の指標の相対的低位に歯止めがかからない現実があることに触発されているが、加えて同様の研究開発システムに関する政策的措置が先進諸国ですでにとられていることにあ

る。すなわち、アメリカではアメリカ競争力法が、中国では中国科学技術進歩法改正などがその前年に相次いで制定され、またEUでは欧州委員会の支援の下で「欧州テクノロジー・プラットフォーム」が整備された。

こうした事態の進展を見た日本経団連（2002年経済団体連合会［経団連］と日本経営者団体連盟［日経連］は統合して日本経済団体連合会［日本経団連］を設立）は、「国際競争力強化に資する課題解決型イノベーションの推進に向けて」（2008年5月）を発表し、そのなかで一人当たりのGDPは2000年の3位から18位に下落、また先にも示したがIMD国際経営開発研究所の競争力ランキングは20位台へと落ち込んでいること、その一方で第三期科学技術基本計画が始まっているにも関わらず、この間の3年度の累計は5年度の累計目標25兆円に対して12兆円にとどまっていることを指摘している（**図12.5**）。

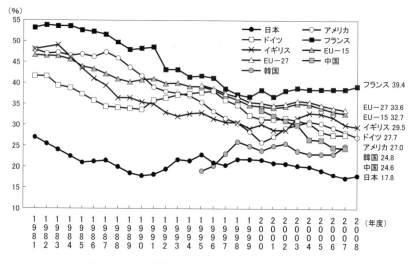

図12.5 主要国等の研究費の政府負担割合の推移

出典：科学技術白書 2010 年版

ここには事態が好転しないことへの焦燥感が見てとれるが、こうした事態を改めるにはまずは資源を投入しなければとの意向を示し、その上で、

「課題解決指向の産官学協働プラットフォーム」の整備、「社会還元加速プロジェクト」の推進、世界に通用する研究拠点の整備、国際連携の強化、総合科学技術会議の機能強化など、研究開発システムの改善の方向性を提示した。

　また、経済同友会は2008年4月、これに先んじて「高い目標を達成するイノベーション志向経営の展開」と題する提言を発表し、研究開発システムに関する見解を示している。すなわち、イノベーションが加速するようにインフラを整備し、また世界的に人材が集い、人材育成が進むことで、融合と連携によるイノベーション・コンバージェンス、市場性を追求したイノベーション・サイクル、連鎖的に展開するイノベーション・チェーンを備えたシステムを形成することで、科学技術立国を実現する産官学連携のグローバルなイノベーション志向の経営展開が不可欠であるとしたことである。

「研究開発力強化法」は、従来の研究交流促進法（1986年）に代わるものだが、これらの経済界の提言を受けて、研究開発能力を発揮させると人材活用の一層の充実化をはじめとして会計制度の運用の柔軟化、さらにはこれまでの試験研究機関に国立大学を新たに加えたり、独立行政法人のうち「研究開発型」のものを分離したりして、施設設備の民間への開放を促すものなのである。

12.7　産学連携の強化を求める経済産業界

　ところで、経済産業界の高等教育への期待は最初から人材に特化してはおらず、産学官連携のシステムにあった。すなわち、2001年10月の経団連の提言「国際競争力強化に向けたわが国の産学官連携の推進」には、「実用化につながる研究分野（目的基礎・応用技術）」が最優先事項であった。

　しかしながら、その後「連携」の内実は変わっている。日本経団連は2003年1月、提言「活力と魅力溢れる日本をめざして（概要版）」の中で「『MADE "BY" JAPAN』戦略を推進する」のだとして「技術革新のダイナミズムを高め、世界の力を活用して日本が生み出す価値を最大化する」と説いた。そ

してその年の 3 月、提言「産学官連携による産業技術人材の育成促進に向けて」を発表し、大学に「産業技術人材の教育制度の充実」化、すなわち学部教育の充実、実践重視の工学系大学院教育、社会人等を対象とした MOT（management of technology：技術経営）の普及、共同研究・委託研究への学生の参画、産学官連携による人材育成の定期的検討の取り組みを求めている。

　こうして、高等教育政策に以前よりも増して産学官連携が求められるようになった。2005 年 1 月、文部科学省中央教育審議会は答申「我が国の高等教育の将来像」を発表し、そのなかで「教育や研究それ自体が長期的観点からの社会貢献であるが、近年は、公開講座や産学官連携等を通じたより直接的な貢献が求められる」として「社会貢献」は大学の「第 3 の使命」であるとした。そして大学の機能別分化を、世界的研究・教育拠点、高度専門職業人養成、幅広い職業人養成、総合的教養教育、特定の専門的分野（芸術、体育等）の教育・研究、地域の生涯学習機会の拠点、社会貢献機能（地域貢献、産学官連携、国際交流等）に整理している。

　確かに単にアカデミズムに埋没しているのではなく、社会的責任を果たすことは大切なことである。とはいっても仮に「産学官連携」を「使命」にすべきとはいっても、大学は教育と研究を通じて取り組むほかはない。

　このような大学への「社会貢献」の期待は年を追うごとに強まっている。日本経団連は 2006 年 5 月の総会決議「人間力の発揮を通じて時代を切り拓く」の中で、「新しい価値を創造する」、「競争力の源泉となる高度人材の育成」を重要な施策の一つとして位置づけた。翌年 3 月には提言「イノベーション創出を担う理工系博士の育成と活用を目指して」との理工系大学院に焦点を合わせたものを出している。また、その年 11 月、産業競争力懇談会（会員構成：大手企業 32 社、国立 3 大学・私立 1 大学、産業総合研究所）は「大学・大学院教育プロジェクト—2025 年の日本と産業界が求める人材像」を発表し、「グローバル競争」の環境下において「日本の産業競争力」を維持・向上させるためには「イノベーションが不可欠であり」、これを促進する「人材を日本から輩出し続ける」という視点に立って高度専門職業人材の育成を行うことが欠かせないとしている。

　こうして、大学教育・大学院教育の「構造転換」の具体的施策の政策化が焦眉の課題となり、ことに大学院後期課程の制度改革が次期科学技術基本計画の重要な柱として審議され、科学・技術政策のなかに高等教育政策が取り込まれることになったのである。

12.8　望ましい科学・技術政策のあり方

　これらの政策的措置は、大学、公的試験研究機関の研究成果を産業的活用に、また大学等の教育的営為を経済社会にとっての有用な人材養成として収れんさせるものである。また、それは、企業が本来担うべき研究開発投資と人材養成投資を国家財政に転嫁する、経営資源のリスク回避の色彩が強く、国民的国家的資源を産業競争力強化に総動員するものともいえよう。

　現在、第四期科学技術基本計画の策定をとりまとめる基本政策専門調査会において「科学技術イノベーション政策」との文言が取りざたされているが、これはいってみれば、これまでのイノベーション政策では実効性が乏しいとみて、民間企業と同様に科学技術開発の目的をイノベーションと結びつけることを狙ったものである。これは、科学を技術に従属化させ、それをイノベーションに奉仕させようとする、産業経済の振興をはかることを優先させたものである。

　このような政策化で多様な目的をもって行われている科学研究・技術開発を振興することができるのだろうか。科学研究や技術開発の相対的独立性に配慮した施策が必要である。また、日本における研究費や高等教育にかける政府負担割合は低く、また競争的資金の配分はあまりにも偏っている。

　民主主義（democracy）の語源は、ギリシア語の demokratia に由来するもので、demos（民衆、人民、市民）による kratia（政治、権力、支配）、すなわち「民衆による政治」という意味合いを持つ。上述のように政府と経済産業界が主導する経済優先の科学・技術政策の策定は民主主義的策定とは隔たっている。

参考文献

〔第 1 章〕

加藤邦興「軍事技術論の方法と課題」『経営研究（大阪市立大学経営学会）』、
　　第 40 巻 4 号、27〜41 頁

加藤邦興『日本公害論』青木現代叢書、1977 年

竹前栄治・中村隆英監修『GHQ 占領史：第 47 巻　石油産業』日本図書センタ
　　ー、1998 年

黒岩俊夫『資源論』勁草書房、1964 年

下川浩一『フォード：大量生産・管理と労働・組織と戦略』東洋経済新報社、
　　1972 年

ダニエル・ヤーギン（日高義樹・持田直武）『石油の世紀（上）（下）』日本放
　　送出版会、1991 年

デービット・A・ハウンシェル（和田一夫・金井光太郎・藤原道夫訳）『アメリ
　　カンシステムから大量生産へ 1800−1932』名古屋大学出版会、1998 年

中村静治『技術論入門』有斐閣、1977 年

中村静治『戦後日本の技術革新』大月書店、1979 年

日本エネルギー経済研究所編『戦後エネルギー産業史』東洋経済新報社、1986
　　年

近藤文男『成立期マーケティングの研究』中央経済社、1988 年

サスキア・サッセン（伊豫谷登士翁訳）『グローバル・シティ：ニューヨーク、
　　ロンドン、東京から世界を読む』筑摩書房、2008 年

〔第 2 章〕

竹濱朝美「ドイツにおける太陽光発電に対するフィード・イン・タリフの制度
　　設計、費用と効果」『立命館産業社会論集』Vol. 46, No. 3, 2010 年

P.Maegaard *et al.*, *Vedvarende energi i Danmark*, OVEs、2000 年

和田武・山口歩ほか『21 世紀の日本をみつめる』（立命館大学現代社会研究会
　　編）晃洋書房、2004 年

松岡憲司『風力発電とデンマークモデル』新評論、2003 年

牛山泉 編著『風力エネルギー読本』オーム社、2005 年

日本風力エネルギー協会編『風力エネルギー』（学会誌）

〔第 3 章〕

黒岩俊郎『資源論』到草書房、1960 年

黒岩俊郎『材料革命』ダイヤモンド社、1970 年

志賀美英『鉱物資源論』九州大学出版会、2003 年

資源・素材学会資源経済部門委員会/東京大学生産技術研究所共編『世界鉱物
　　資源データブック（第 2 版）』オーム社、2006 年

B.J.スキンナー（日下部実訳）『地球資源学入門（第 2 版）』共立出版、1971 年

冨永博夫・櫻井宏・白田勝利『資源の化学』大日本図書、1987 年

中村静治『技術論入門』有斐閣ブックス、1977 年

西山孝『資源経済学のすすめ』中公新書、1993 年

JOGMEC「鉱物資源マテリアルフロー：平成 20 年度版（アルミニウム）」
　　http://www.jogmec.go.jp/mric_web/jouhou/material/2008/Al.pdf（2010 年 10 月 9
　　日閲覧）

R.L.Virta, *Worldwide Asbestos Supply and Consumption Trends from 1900 to 2003*

USGS, Circular 1298, http://pubs.usgs.gov/circ/2006/1298/c1298.pdf (2010 年 10
　　月 9 に閲覧）

U.S Department of the Interior U.S. Geological Survey,
　　http://www.usgs.gov/（2010 年 10 月 9 日閲覧）

〔第 4 章〕

原田正純『水俣病』岩波書店、1972 年

加藤邦興『日本公害論—技術論の視点から—』青木書店、1977 年

有馬澄雄 編『水俣病—20 年の研究と今日の課題—』青林舎、1979 年

水俣病被害者・弁護団全国連絡会議 編『水俣病裁判 全史』日本評論社、
　　1998-2001 年

〔第 5 章〕

石綿対策全国連絡会議 編『アスベスト問題の過去と現在—石綿対策全国連絡
　　会議の 20 年—』アットワークス、2007 年

首都圏建設アスベスト訴訟原告弁護団「首都圏建設アスベスト損害賠償請求事
　　件訴状」2008 年 5 月 16 日

杉本通百則「1930 年代後半のアメリカ・ドイツにおけるアスベスト粉塵対策に
　　関する一考察」『立命館産業社会論集』第 44 巻第 2 号、2008 年 9 月

中皮腫・じん肺・アスベストセンター 編『アスベスト禍はなぜ広がったのか
　　—日本の石綿産業の歴史と国の関与—』日本評論社、2009 年

大阪じん肺アスベスト弁護団・泉南地域の石綿被害と市民の会 編『アスベス
　　ト惨禍を国に問う』かもがわ出版、2009 年

大阪地方裁判所「大阪・泉南アスベスト国家賠償請求事件判決」2010 年 5 月
　　19 日

〔第 6 章〕

ソニー広報センター『ソニー自叙伝』ワック株式会社、1998 年

平本厚『日本のテレビ産業』ミネルヴァ書房、1994 年

垂井康夫『超 LSI への挑戦－日本半導体 50 年とともに歩む』工業調査会、2000 年

垂井康夫『世界をリードする半導体共同研究プロジェクト―日本半導体産業復活のために』工業調査会、2008 年

ジョン・ザイスマン、ローラ・タイソン編『日米産業競争の潮流』理工図書、1990 年

畑次郎『Exaflops―米国ハイテク戦略の全貌』日本工業出版、2006 年

宋娘沃『技術発展と半導体産業』文理閣、2005 年

徐正解『企業戦略と産業発展―韓国半導体産業のキャッチアップ・プロセス』白桃書房、1995 年

劉進慶・朝元照雄編『台湾の産業政策』勁草書房、2003 年

青山修二『ハイテク・ネットワーク分業―台湾半導体産業はなぜ強いのか』白桃書房、1999 年

アナリー・サクセアン『最新・経済地理学―グローバル経済と地域の優位性』

Larry D. Browning, Judy C. Shetler, *Sematech -Saving the U.S.Semiconductor Industry*, Texas A & M University Press, 2000

〔第 7 章〕

橋本和美・佐野正博他『テクノ・グローカリゼーション』梓出版、2005 年

大沼正則『技術と労働』岩波書店、1995 年

奥山修平「生産技術の変貌」『科学技術史概論』ムイスリ出版、1985 年

慈道裕治「技術の体系性とオートメーション―現代オートメーション論への一視角―」『立命館大学人文科学研究所紀要』1992 年 11 月

北川隆吉監修・帯刀治執筆『LECTURE［ME の時代］機械のレクチャー』中央法規出版、1986 年

大西勝明・二瓶敏『日本の産業構造』青木書店、1999 年

中村静治『生産様式の理論』青木書店、1985 年

〔第 8 章〕

スティーブン・レヴィ『マッキントッシュ物語』翔泳社、1994 年

マーク・ホール／ジョン・バリー『サンマイクロシステムズ―UNIX ワークステーションを創った男たち』アスキー出版局、1991 年

喜多千草『起源のインターネット』青土社、2005 年

Michael Hiltzik『未来をつくった人々―ゼロックス・パロアルト研究所とコンピ

ュータ・エイジの黎明』毎日コミュニケーションズ、2001 年

森洋一『クラウドコンピューティング―技術動向と企業戦略』オーム社、2009 年

Franklin M. Fisher, James W. McKie, and Richard B. Mancke, *IBM AND THE U.S.DATA PROCESSING INDUSTRY -An Economic History*, Praeger Publishers, 1983

IEEE, *Annals of the History of Computing*, Volume 5, Number 1, January 1983

〔第 9 章〕

荒井信一『第二次世界大戦』東京大学出版会、1973 年

M.J.シャーウィン（加藤幹雄訳）『破滅への道程　原爆と第二次世界大戦』TBS ブリタニカ、1978 年

小原敬士『アメリカ軍産複合体の研究』日本国際問題研究所、1971 年

レスリー・R・グローブス『原爆はこうしてつくられた』恒文社、1964 年

山崎正勝・日野川静枝編著『増補　原爆はこうして開発された』青木書店、1997 年

ガー・アルベロビッツ『原爆投下決断の内幕　上・下』ほるぷ出版 1995 年

アレン『原爆帝国主義』大月書店、1953 年

U.S.Bureau of the Budget, *The United States a War, Development and Administration of the War Program by the Federal Government*, Government Printing Office, 1946

的川泰宣『月をめざした二人の科学者』中公新書、2000 年

小都元『最新 ミサイル全書』新紀元社、2004 年

大久保涼・大島日向『宇宙ビジネスの法務』弘文堂、2021 年

小松伸多佳・後藤大亮『宇宙ベンチャーの時代』光文社新書、2023 年

〔第 10 章〕

S.A.ハウトスミット（山崎和夫・小沼通二訳）『ナチと原爆』海鳴社、1977 年

荒井信一『原爆投下への道』東京大学出版会、1985 年

山極晃・立花誠逸・岡田良之助訳『資料　マンハッタン計画』大月書店、1993 年

W.ハイゼンベルク『部分と全体　わたしの生涯の偉大な出会いと対話』みすず書房、1974 年

E.ハイゼンベルク『ハイゼンベルクの追憶　非政治的人間の政治的生涯』みすず書房、1984 年

A.ヘルマン『ハイゼンベルクの思想と生涯』講談社、1977 年

シラード／ワイナー／フレミング／シャノンほか（広重徹・渡辺格・恒藤敏彦

訳）『亡命の現代史 3　知識人の大移動 1　自然科学者』みすず書房、1972年

西義之、井上修一、横谷文孝訳『アインシュタイン・ボルン往復書簡集：1916-1955』三修社、1976年

M.ボルン（若松征男訳）『私の物理学と主張』東京図書、1973年

山崎和夫訳『オットー・ハーン自伝』みすず書房、1977年

宮田親平『毒ガスと科学者』光人社、1991年

品田豊治訳『ナチス狂気の内幕　シュペールの回想録』読売新聞社、1970年

T.パワーズ『なぜナチスは原爆製造に失敗したか　連合国が最も恐れた男・天才ハイゼンベルクの闘い　上・下』福武書店、1994年

A.D.バイエルヘン（常石敬一訳）『ヒトラー政権と科学者たち』岩波書店、1980年

藤永茂『ロバート・オッペンハイマー　愚者としての科学者』朝日新聞社、1996年

伏見康治・伏見論訳『シラードの証言』みすず書房、1982年

B.オキーフ（原札之助訳）『核の人質たち　核兵器開発者の告白』サイマル出版会、1986年

A.K.スミス（広重徹訳）『危険と希望　アメリカの科学者運動』みすず書房、1968年

P.ビカール（湯浅年子訳）『F・ジリオ＝キュリー　科学と平和の擁護者』河出書房新社、1970年

P.M.S.ブラケット（田中慎次郎訳）『恐怖・戦争・爆弾　原子力の軍事的・政治的意義』法政大学出版局、1951年

〔第 11 章〕

広重徹『科学の社会史（下）』岩波書店、2003年

中山茂「占領と日本学術会議」『共同研究　日本占領軍 その光と影（上巻）』徳間書店、1978年

日本学術会議『日本学術会議二十五年史』1974年

小林稔「基礎物理学研究所創設のころ（I）─最初の共同利用研究所はどのようにしてできたか─」『自然』1973年4月号

小沼通二「大学における研究所改革」『講座 日本の大学改革 4 学術体制と大学』青木書店、1982年

朝永振一郎「共同利用研究所設立の精神」『朝永振一郎著作集 6 開かれた研究所と指導者たち』岩波書店、1982年

朝永振一郎「世界の科学研究所　アメリカ　新しい型の研究所」『現代自然科学講座 5』弘文堂、1952年

小林稔「朝永先生と基礎物理学研究所」『素粒子論研究』Vol. 61, No. 2、1980
　　年 5 月

基礎物理学研究所『基研案内』、1958 年

湯川秀樹・坂田昌一・武谷三男『素粒子の探求—真理の場に立ちて』勁草書房、
　　1965 年

中根良平・仁科雄一郎・仁科浩二郎・矢崎裕二・江沢洋編『仁科芳雄往復書簡
　　集　現代物理学の開拓Ⅲ　大サイクロトロン・二号研究・戦後の再出発
　　1940-1951』みすず書房、2007 年

長岡洋介・登谷美穂子「基礎物理学研究所の歴史」『素粒子論研究』Vol. 93, No.
　　6、1996 年 9 月

佐藤文隆「制度としての科学の新作法」『科学』Vol. 75, No. 9、2005 年 9 月

〔第 12 章〕

植村幸生『科学技術政策論』労働旬報社、1989 年

日本科学者会議『日本の科学技術　われわれの現状批判と提言』大月書店、1986
　　年

荒川泓『日本の技術発展再考』海鳴社、1991 年

ハイテク戦略研究会編『米国の技術戦略』日経サイエンス社、1988 年

政府、経済団体の政策文書・提言については各省庁、団体のウエッブ・ページ
　　参照

索 引

著者紹介

兵藤友博	立命館大学名誉教授
中村真悟	立命館大学経営学部教授
山口　歩	立命館大学産業社会学部教授
杉本通百則	立命館大学産業社会学部教授
高橋信一	岐阜協立大学経営学部教授
小長谷大介	龍谷大学経営学部教授

（執筆順）

2011 年 4 月 23 日　　　初　版　第 1 刷発行
2020 年 2 月 27 日　　　初　版　第 3 刷発行
2024 年 2 月 14 日　　　第 2 版　第 1 刷発行

科学・技術と社会を考える ［第 2 版］

編著者　兵藤友博　©2024
著　者　中村真悟／山口　歩／杉本通百則
　　　　高橋信一／小長谷大介
発行者　橋本豪夫
発行所　ムイスリ出版株式会社

〒169-0075
東京都新宿区高田馬場 4-2-9
Tel.03-3362-9241(代表)　Fax.03-3362-9145
振替 00110-2-102907

ISBN978-4-89641-328-1　C3040